你是化妆王

Queen Of Cosmetics

阳乾造型时尚部著

吉林科学技术出版社

图书在版编目（ＣＩＰ）数据

你是化妆王 / 阳乾造型时尚部著 . — 长春：吉林
科学技术出版社，2014.7
ISBN 978-7-5384-7921-8

Ⅰ．①你… Ⅱ．①阳… Ⅲ．①女性－化妆－基本知识
Ⅳ．① TS974.1

中国版本图书馆 CIP 数据核字（2014）第 125066 号

你是化妆王

著	阳乾造型时尚部
出 版 人	李 梁
策划责任编辑	冯 越
执行责任编辑	张 超
封面设计	长春世纪喜悦品牌设计有限公司
内文设计	长春世纪喜悦品牌设计有限公司
开 本	710mm×1000mm 1/16
字 数	200千字
印 张	10.5
印 数	1-8000
版 次	2015年7月第1版
印 次	2015年7月第1次印刷

出 版	吉林科学技术出版社
发 行	吉林科学技术出版社
地 址	长春市人民大街4646号
邮 编	130021
发行部电话/传真	0431-85635176　85635177
	85651628　85651759
储运部电话	0431-86059116
编辑部电话	0431-85679177
网 址	www.jlstp.net
印 刷	吉林省创美堂印刷有限公司
书 号	ISBN 978-7-5384-7921-8
定 价	35.00元

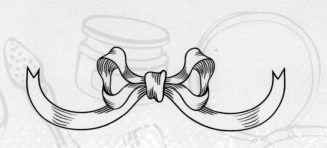

古时候人们说女为悦己者容，现在我们说女为悦己而容。

没有任何一个女人，可以素面朝天赢得众人的欣赏；

也没有任何一个女人，

可以不加修饰就能保持娟秀纤细的容颜。

聪明的女人懂得如何成全自己爱美的心。

化妆是美丽的提升，也是激发自信的正能量。

化妆不仅是一种行为，更是调节心境、轻松减压的好途径。

化妆是健康的生活方式，也是积极的人生态度。

《你是化妆王》，精细呈现化妆的每一个小细节，

全面展示当下流行的风格妆容，

无论是淡妆，还是浓抹，都会与你相宜。

将岁月的侵蚀踩在脚下的化妆女王，

让我们约定：岁月不老，我们的美丽就不老。

阳乾造型时尚部精英团队

李白

阳乾化妆造型研习学院高级讲师，底妆王子、皮肤管理专家，结合多年跨行学科从业经验，具有独特理论系统，彩妆风格多变，熟悉日韩欧不同处理方法。

王崎辉

知名艺人御用造型师，阳乾视觉签约造型师，他用神奇的双手打造一款款令人惊艳的超前美妆，创新是他永恒的标志。

大志

他是艺人御用化妆师，他觉得，化妆可以突出每个人的特质，给大家呈现出最好的样子。用自己的双手，去把艺人变的更美，让艺人更加自信，是一件让人身心愉悦的事情。认真、专业、自信，是他的工作态度。

肖琼

从小接受系统的美术专业教育，凭借对美独特的感知与判断力，一直致力于将美妆及服装整体时尚完美的融合在一起而创作出很多优秀的作品，且极快的成为最受欢迎的造型师并与各大一线杂志品牌和明星长期合作。

LISA

她坚持、不妥协、创新。她凭着对美的执着，对艺术的热爱，致力把时尚与艺术完美结合。把美丽带到我们的生活每一处。我是造型师LISA，愿意和你分享美丽圣经。

李晓东

阳乾视觉签约造型师、艺人造型师。对美的执着让他产生更多的灵感，他最崇尚自然，充满魔力的双手打造每个人的独一无二。

目录
CONTENT

第一章
一切完美妆容的前提都是质感肤质

第二章
明星的好肌肤
底妆功劳大

第三章
最没有心机的基础五官妆

第四章
你最需要的
魅力魔幻妆

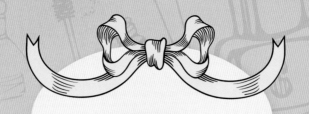

第一章

一切完美妆容的前提都是质感肤质

怎样都不能忽略的洁面

洁面是永恒的源头

洁面是我们护肤中最重要也是最容易被大家轻视忽略的一步，只有当我们充分清洁出肌肤因新陈代谢产生的死皮和肌肤表面的粉尘污垢、彩妆品、油脂等才能疏通毛孔，并为后续护肤打下基础，更好地吸收护肤品里的精华元素，不然痘痘、粉刺等肌肤问题也会随之而来，而且可能我们买的那些昂贵的护肤品效果也会大打折扣哦！

Cosmetic
benefit 泡沫洁面膏

规格：127.5g
一步到位的温和洁面膏，泡沫柔细绵密，深层洁净肌肤，能有效清除污垢及残留彩妆。

★ Step 1 湿润面部

有 MM 可能就在想"不就是用水打湿面部嘛，这很简单啊"。其实在这点上也有不少人出错，有人习惯用冷水洗脸，觉得能让皮肤紧致还节约时间；有人喜欢用很热的水，觉得这才能让毛孔张开，去油更充分。但以上都是不对的。

其实我们的毛孔在 35℃ 的时候就会张开，所以我们一定要用温水。过冷的水会让我们毛孔闭合使清洁不充分。过热的水让我们皮肤天然保湿油过分丧失，而且不小心会形成低温烫伤哦。如果有条件的话最好使用纯净水来洗脸，从水（自来水含有杂质，而且水质过硬）开始保护我们的肌肤避免伤害。

● 只有充分清洁出肌肤因新陈代谢产生的油污等，才能疏通毛孔为后续护肤打下基础。

⭐ Step 2 充分起沫

无论我们用什么样的洁面产品，都不宜过多，并不是越多越干净哦，只需要5分钱硬币面积大小即可。泡沫多少才是决定清洁力大小的关键，这点可是最为重要的，所以一定要先把洁面乳在手心充分打起泡沫越多越好，还可以借助一些容易让洁面产品起沫的工具。如果洁面产品不充分起沫，不但达不到清洁效果，还会残留在毛孔内引起青春痘。

🔴 干性皮肤或敏感皮肤不宜使用大量泡沫的洁面产品，应该选择一般不会打起大量泡沫或无泡沫的洁面乳在手心均匀打开，再涂抹面部。

Cosmetic
benefit 去角质霜

规格：127.5g
令肌肤焕然一新的磨砂膏，有效提亮肤色，温和去除角质，净化肌肤、收细毛孔，令肌肤洁净柔滑、自然透亮。

⭐ Step 3 轻柔按摩

把泡沫涂抹在脸上以后要轻轻由下往上打圈按摩，不要太过用力，以免产生皱纹。大概按摩15下，让泡沫遍及整个面部，清洁按摩时间大概在60秒钟左右为宜。

🔴 油性皮肤或者使用无泡乳质产品的，按摩时间在90秒钟左右为宜。

容易忽视的洁面环节

清洗彻底

用洁面产品按摩完后，就可以清洗了。有些MM怕清洗不彻底，就用毛巾用力地擦拭，这样会擦伤皮肤，而且过度摩擦挤压皮肤也会让皮肤产生纹路或让纹路加深。应该用湿润的毛巾或洁面海绵轻轻在脸上按，反复多次后就能清除掉洁面产品了，还不伤害皮肤。清洗75秒钟左右就能彻底干净了，可根据实际情况延长时间。

检查发际

清洗完毕，很多 MM 可能认为洗脸的过程已经全部完成了，其实并非如此。

记得照照镜子检查一下发际周围是否有残留的洁面乳，这个步骤也经常被人们忽略。

有些女性发际周围总是容易长痘痘，其实就是忽略了这一步。

冷水紧肤

最后，我们可以用双手捧起冷水沾洗面部 20 下左右，同时用冰镇后的凉毛巾轻敷面部。这样可以使我们的毛孔收紧，同时促进面部血液循环。这样洁面算是大功告成了。长期坚持照着以上程序一丝不苟地清洁面部，你会发现肤质在慢慢改善，脸部皮肤也比以前紧致、光洁、白嫩。

 1 深层洁肤可以经常进行，但不要与去角质一起。最好每周单独进行一次去角质，期间不要深层洁肤。

2 淘米水洗脸自古就是民间美颜圣方，它溶解了一些淀粉、蛋白质、维生素及矿物质等养分，可以清洁脸上的油污，淡化色素和防止出现脂肪粒，尤其特别适合长痘痘、毛孔粗大、皮肤偏油的人。

3 对于突然面部过敏的人，这个期间别用正在使用的洁面和护肤产品，可以用绿茶泡水来清洁面部，护肤品可用天然的芦荟产品，国产的儿童类护肤、大宝都是不错的选择。

Pay Attention

- □ 要用温水洗脸。
- □ 要洁面产品充分起沫。
- □ 要按摩轻柔，时间不能过短或过长。
- □ 要清洗彻底。

- □ 别用过冷或过热的水洗脸。
- □ 别直接在脸上涂抹洁面产品。
- □ 别用力摩擦拉扯面部肌肤。
- □ 别忘记清洗发际残留的泡沫。

日常护肤
要找对方法

基础护肤

护肤包括深层护肤和表层护肤两种，这两种方式的护肤品功效是不一样的。前者的主要功能是为皮肤提供营养。因此，吸收是非常重要的；后者的主要功能是为皮肤增加一层保护膜，防止外界不良环境对皮肤的侵害，因此对吸收的要求比较少。而护肤品中的各种营养成分，各有所管、能令肌肤显现出不同的光彩：美白的、活肤的、补水的，只有搭配使用，让肌肤有时间吸收不同的养分，肌肤才能健康、白皙、有光泽。如果将各种营养集体"抛"向肌肤，结果只会适得其反。

Cosmetic
benefit 妆前保湿柔肤水

规格：177.4ml
让肌肤光泽加倍的特殊保养步骤，保湿预备，光泽加倍优化后续护肤品，帮助肌肤吸收活性成分、回复柔嫩弹性、卓效保湿、亮泽加倍。

★ 分子越小越先用

在使用护肤品时要注意，按照分子越小越先用的原则，质地越清爽、越稀越先用，如柔肤水、精华素、眼霜、保湿乳、滋润霜，这样更有利于各种营养的充分吸收。

记住：顺序别反了，分子较小的水状、精华液类的产品就很难再被肌肤吸收，更谈不上发挥作用了。

⭐ 按肌肤类型护肤

肌肤类型分为：干性肌肤、中性肌肤、油性肌肤、混合性肌肤。不同的肌肤我们在选择护肤品上也有差异，只有选对适合自己肌肤的护肤品，才能事半功倍。所以让我们来了解一下不同类型肌肤的护理方法吧！

干性肌肤

干性肌肤的 MM 最大的特点就是，全脸毛孔细小，T 区和脸颊的皮肤都很干，连鼻头都不出油。所以时常会觉得肌肤干燥紧绷、缺乏光泽，而且这类型的肌肤容易产生干纹和细纹，相对其他肤质更容易松弛老化。另外干性肌肤的角质层比较薄，所以容易受到刺激、容易敏感、容易产生色斑。所以我们在日常护肤的时候要注意不要过度的去角质，先补水，再补水、补油。让我们看看干性肌肤全天的护肤知识吧！

● 干性肌肤的角质层比较薄，所以容易受到刺激、容易敏感、容易产生色斑。

Day 白天

清洁 → 保湿性的柔肤水（敏感皮肤可用敏感水或修复水）→ 保湿精华素 → 眼霜（或眼部啫喱）→ 保湿乳（如果特别干燥可以换保湿霜）→ 滋润霜 → 防晒霜

Night 夜晚

卸妆 → 清洁 → 保湿性的柔肤水（敏感皮肤可用敏感水或修复水）→ 保湿精华素 → 眼霜（或眼部啫喱）→ 保湿乳（如果特别干燥可以换保湿霜）→ 滋润霜

中性肌肤

中性肌肤的 MM 最大的特点就是基本没有缺点。这种是完美肌肤，毛孔不大不小，整脸皮肤不干不油，细腻光滑，通透有弹性。一般只出现在 25 岁以前的完美肌肤，25 岁以后即可诊断为干性肌肤。这种肤质虽然天生丽质，但是，也要注意呵护，否则，再雄厚的资本，也会被一点一点消耗殆尽哦！保养！保养！还是保养！所以让我们看看中性肌肤全天的护肤知识吧。

Day 白天

清洁 → 保湿性的柔肤水（敏感皮肤可用敏感水或修复水）→ 保湿精华素 → 眼霜（或眼部啫喱）→ 保湿乳或保湿霜 → 防晒霜

Night 夜晚

卸妆 → 清洁 → 保湿性的柔肤水（敏感皮肤可用敏感水或修复水）→ 保湿精华素 → 眼霜（或眼部啫喱）→ 保湿乳或保湿霜

油性肌肤

油性肌肤的 MM 最大的特点就是 T 区和脸颊都很油，全脸都能看到很大的毛孔，一直到耳根的毛孔都很粗大。油质皮肤的人在年轻时皮肤的烦恼会比较多，通常油光满面，看上去有种不干净的感觉。而过多的油分又容易吸附死皮和污垢，造成毛孔阻塞，容易产生黑头、粉刺、暗疮等问题。而且，由于油性肌肤容易造成死皮堆积，皮肤通常会显得粗糙。同时油性肌肤也容易造成脱妆。这是皮脂腺运作过度亢奋，分泌过量油脂造成的。不过比其他肤质的皮肤更加饱满，不显老。所以我们护肤品会选择控油补水的，使用含水高而含油少的保养品。让我们看看干性肌肤全天的护肤知识吧！

● 过多的油分容易吸附死皮和污垢，造成毛孔阻塞，容易产生黑头、粉刺、暗疮等问题。年轻时皮肤的烦恼会比较多，通常T区和脸颊都很油。

Day 白天

清洁 → 收敛水（敏感皮肤可用敏感水或修复水）→ 保湿精华素 → 眼部啫喱 → 清爽控油保湿乳 → 防晒霜

Night 夜晚

卸妆 → 清洁 → 收敛水（敏感皮肤可用敏感水或修复水）→ 保湿精华素 → 眼部啫喱 → 清爽控油保湿乳

混合性肌肤

据说亚洲人中 80%~90% 属于混合性的肌肤，混合性肌肤又分为混合性偏油肌肤和混合性偏干肌肤。混合性肌肤是一部分油性肌肤和一部分干性肌肤的组合，通常 T 区出油，而脸颊干燥。所以混合性肌肤的 MM 要注意了，判断是偏干还是偏油的最简单方法，是看粗大毛孔，粗大毛孔仅仅长到鼻翼两侧的（面积很小），是混合性偏干肌肤，粗大毛孔长到脸颊中间的，是混合性偏油肌肤了。很多混合性肌肤在夏季为混合性偏油，到秋冬季节为混合性偏干，注意按照季节调整护肤品。让我们看看混合性肌肤全天的护肤知识吧！

⬤ 判断是偏干还是偏油的最简单方法，是看粗大毛孔，粗大毛孔仅仅长到鼻翼两侧的（面积很小），是混合性偏干肌肤，粗大毛孔长到脸颊中间的，是混合性偏油肌肤了。

Day 白天

清洁 → 保湿性的柔肤水（敏感皮肤可用敏感水或修复水）→ 保湿精华素 → 眼霜（或眼部啫喱）→ 保湿乳或保湿霜 → 防晒霜

Night 夜晚

卸妆 → 清洁 → 保湿性的柔肤水（敏感皮肤可用敏感水或修复水）→ 保湿精华素 → 眼霜（或眼部啫喱）→ 保湿乳或保湿霜

根据生理周期聪明护肤

女性生理周期是 28 天，可以细分为 7 天一个小周期，因此每个月有 4 个小周期，有针对性地进行皮肤保养，可以收到意想不到的好效果。

⭐ 生理周期前

面色黯淡无光，感觉脸上疙疙瘩瘩的，而且容易过敏。

生理期前，体内的激素变化体现在皮肤上，建议在完成平时的洁肤过程之后，再按程序做一次清洁，控制油脂的分泌，保证毛孔清透，让皮肤自由地呼吸，预防痘痘的生成。

⭐ 经期中

角质层变厚，很容易产生粉刺、湿疹等，皮肤变得敏感，有些人还会面部发红。

这个时期里，使用去角质的洁面乳会有不错的效果。经期中的皮肤脆弱，很容易受伤，所以注重防晒，避免色斑的形成。

蔬菜水果是天然的美容品，可以多吃一点儿。适当控制饮水量，因为有些人会在经期出现水肿。

⭐ 经期后 1 周

这个时期，心境平和，情绪中的"快乐因子"比较多。皮肤柔嫩，光滑有光泽，没有粉刺和毛孔粗大的困扰。

由于血液循环良好，皮肤的状态也节节攀升。适当降低清洁力度，用平常的洁面乳洗脸，加上日常的护肤品，就可以帮助皮肤保持良好的状态。

⭐ 经期后 2 周

这是皮肤问题卷土重来的前期。

皮肤容易变得粗糙，尽量使用有消炎修复功能的化妆水，给皮肤补充水分。

这个时期内，皮肤油脂分泌旺盛，开始变得敏感，不注意卫生容易产生粉刺。使用具有消炎功能的纯露，能够起到杀菌消毒的作用，并且补充水分，使皮肤处于水油平衡的状态。

良好的角质状况才是决定性的

现在女性朋友中，所谓的美妆护理控越来越多，他们会注意网络关注市场上最新的信息，去试用最新上市的各种最新技术成分的护肤产品，可转头告诉我觉得吸收效果并不明显。这样的情况是我经常遇到的，在这样的一个情况下，我首先会考虑到的问题是"是否有合理的祛除角质的方法让你的皮肤保持一个良好的吸收"。

★ 角质是好是坏

角质的存在并不是不好的，它首先承担了一个保护我们皮肤的一个效果，它既能够吸收和传导水分，同时也起到了物理防晒的效果。

但对角质护理的忽略，不科学的使用护理产品，造成了角质大量的堆积，会阻碍皮肤对护理产品的吸收。我几乎试用过市面上主流的护理产品和方式。这里介绍一下我自己的方法。

★ 那些去角质产品

磨砂类的去角质产品，本质上基本是清洁成分混合部分经过科学切割研磨的果核或者类晶体，通过与皮肤进行物理摩擦去快速强烈地剥离角质。

从剥落角质的效果上来说是十分有效的，但是因为不同品牌化妆品成本的因素，在使用果核晶体这种原料的时候鉴于成本每一个品牌的原料细密度是不一样的，不可避免地会出现一些过分粗糙、粗大的晶体，它的切割面反而容易划伤我们的皮肤，造成皮肤一些急性的炎症，同时这种"强烈激进"的方式并不适合于我们日常每天使用。我也会使用此类的产品，仅限于在化妆过程中针对于角质过量的特殊情况救急使用。

Tips

 深层洁肤可以经常进行，但不要与去角质一起。

 最好每周单独进行一次去角质，期间不要深层洁肤。

 对于突然面部过敏的人，这个期间别用正在使用的洁面和护肤产品。

★ "一条毛巾两种酸"

每天早晚在使用完面部清洁产品以后我会再用质量优良柔和的毛巾浸湿拧干以后，用来擦拭皮肤表面，可以在面部角质堆积过多的面部中心，尤其是眉心、鼻部、唇部、下巴还有发际线边缘着重地进行处理。

注意清洗和定期更换毛巾。这种物理擦拭的方式可以更柔和地去帮助我们去除角质，也更适合日常每天的护理。

当然，皮肤比较娇嫩或敏感性皮肤的人可以使用有纺布纹理的卸妆棉取代毛巾。

每周我也会定期的使用果酸和水杨酸类的清除角质的产品去深层清洁和剥离角质层。

只要严格科学地控制好时间的间隔和频率，同时采用优良合格的产品是不会造成大家所担忧的刺激和伤害的。

这样下来我的皮肤都能保持一个良好的通透度和吸收率。皮肤能够更好地吸收护理产品里的养分，水分也更容易传达和渗透到皮肤的深层。建议大家试试看。

护肤品
也许你用错了

同种护肤品大不同

 化妆水

　　爽肤水、柔肤水、收敛水、保湿水、美白水、控油水统称化妆水，都是用在洁面乳之后、上乳液之前的美容护肤步骤。其实，它们都具有平衡肌肤的酸碱性和镇静肌肤的作用，但它们的侧重点又有所不同，但保湿效果是大家挑选化妆水时首要考虑的问题，然后根据肤质再配合它的附加效果。

根据
肤质挑选

1　干性/中性皮肤——保湿化妆水、保湿性柔肤水

2　混合性/油性皮肤——控油爽肤水、保湿化妆水、收敛水

3　感性皮肤——保湿化妆水、植物化妆水、防敏感化妆水

4　肤色暗沉——美白化妆水

眼霜、眼膜、眼胶、眼部精华

眼膜

集中护理、镇定眼周肌肤就像面膜一样，眼膜能够提供眼部需要的滋养精华。每周 1～2 次，让眼部肌肤的紧实度和保湿度更佳。当发现眼部水肿、眼袋变大时，赶快敷两片，可以改善水肿情况。眼膜还有一项突出的效果，就是镇定眼周肌肤。消除眼部水肿，选择成分中含有安抚镇静成分的植物精华的眼膜，如小黄瓜、芦荟、洋甘菊萃取液等，有很好的效果。眼膜属于集中护理，每周使用别超过 3 次，使用方式与面膜类似。

眼部精华

配合眼胶或眼霜使用，一些品牌推出了眼部精华液，主要是为了配合眼胶或眼霜使用，加强其后的保养品的吸收，适用于各种情况的眼周肌肤。精华液最好不要单独使用，先用精华液，再用眼霜或眼胶。取用时约绿豆大小足够，最好配合按摩和指压，效果更好。

眼胶

年轻肌肤、油性肌肤、日间保养，如果你的眼部肌肤没有什么严重问题，只是有一点水肿或黑眼圈的困扰，就选择眼胶吧！眼胶是一种植物性啫喱状物质，成分温和、易吸收且不油腻，它可以提供眼部需要却不会太油腻的保养，质地清爽，在紧致眼周肌肤之外，通常还会加入保湿成分，加强眼部血液循环。同时眼胶也更适合偏油性的皮肤，清爽的无油眼胶产品在日间更有重要的防护、保湿等作用。建议在白天选用这种清爽易吸收、不油腻的胶质眼部保养品，眼胶清爽的质地能帮助肌肤瞬间吸收，非常适合化妆打底前的眼部护理。

Cosmetic
benefit 焕彩眼霜

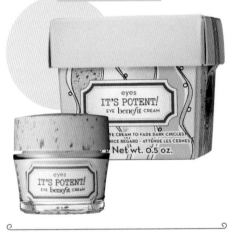

规格：14.2 ml
全新的革命性保湿配方，有效舒缓并呵护眼周肌肤。即刻点亮双眸，强效保湿，抚平细纹。淡褪黑眼圈，提亮眼周。

眼霜

成熟肌肤、干性肌肤的夜间保养需用质地丰润的眼霜，通常用来滋润有干燥细纹的眼部肌肤，一些更升级的眼霜，还会加入修复眼周肌肤弹力纤维、胶原蛋白的功能，不但改善眼周细纹，还能令肌肤更紧实。

和白天相比，晚上是选用营养价值高的霜状眼部保养品的最佳时段，晚上眼部活动次数较少，较为滋养的保养品更易发挥作用。眼霜的滋润性、营养性强，也更适合干性皮肤使用。一般25~30岁以上就可以开始使用进行保养了。

★ 面霜、乳液

相信好多MM都分不清楚，面霜和乳液到底有什么区别，其实算是同一种东西，只不过是状态不同罢了，外形虽然不同，但本质上还是一类的。面霜和乳液都可以做出滋润型和清爽型。而且在制造上，绝对没有面霜成分优于乳液的制造规则，形态和滋润度是没有关系的，霜体的形态变化只是一个工艺问题。

面霜

清爽型一般是含油脂相对较少的，主要是为混合性皮肤、中性皮肤使用；滋润型是具有高油脂成分的，是适合干性和敏感皮肤使用的。两者除了从产品说明来区分之外，从外形也可以看得出来，如果比较稀的，像奶酪那样的一般含的油脂不会很高；如果很稠并且有光泽，像黄油样的，那么油脂含量就肯定高了。偏干的人在干燥季节当然建议使用面霜，补水效果会比较好，也比较持久。面霜质地一般比较丰厚，滋润效果非常显著，适合冬季、干性、中性肌肤和晚间使用。当然也有啫喱等质地的面霜非常清爽，适合所有肤质，但很特殊，

通常如上所说。所以应该根据季节、肤质选择。如果是干性皮肤，还是面霜更滋润些。

规格：48.2 g
富含独家三重焕采复合成分，能渗入肌肤底层补足水分；长效锁水，增加肌肤弹性；强化肌肤锁水屏，建立天然储水库。

乳液

呈半液体状态，但也有高油脂和低油脂两种，除了看产品说明外，也可以在手背上试出油脂高与低，如果涂上一会儿就吸收得干干净净的话，就说明是低油脂的，适合中性皮肤、油性皮肤、混合性皮肤使用；如果涂上后或多或少有点光泽的，那么油脂含量就比较高了，一般适合干性和敏感性皮肤使用。乳液通常比较轻盈，质地比较清爽，适合夏季、日间使用以及中性、混合性和油性肤质使用，夏天可以选择带有控油性质的乳液。如果是中性、油性或混合性（多数人）肤质，乳液比面霜可能更适合你。

Cosmetic
benefit 三重防晒清透乳液 SPF15

规格：50.3 ml
质地轻盈、清爽无油、能有效保湿、舒缓肌肤，和干燥说再见！

方法要领

 两手掌并排，掌心向内，用手掌中下部靠小手指部位按着两眉骨，用力向脸部外侧推移；

 接着回到眉骨的位置，同样用力向外侧推移；

3 以此类推，直到额顶，然后向下到眉骨，再向下到颏尖，再向上到眉骨，用同样的手法，上下反复搓脸20次。

顺着皮肤的纹理涂抹护肤品

纸张有纹理，皮肤也是如此。顺着皮肤的纹理涂抹护肤品，会使肌肤变得更顺滑，也比较容易上妆。如果逆着纹理涂抹，会使皮肤表面变得粗糙，这也是造成妆容不服帖、卡粉的主要原因！顺着皮肤的纹理涂抹，长期坚持下去，皮肤状态会越来越好。无论是涂抹基础保养品、化妆品，还是进行脸部按摩，都要按照皮肤的纹路方向进行。基本原则就是顺着皮肤的纹理轻柔地"从里到外"将化妆品延展开。涂抹精华或者面霜的时候也按这种方式。长此以往坚持下去，就会有意想不到的效果，白皙、有光泽。

好的护肤品当然得配合适当的手法才能使皮肤更好地吸收精华成分。

早晨和晚上的化妆品要分开使用

保持无瑕皮肤的最简单方法就是定期到美容院或者护理院进行保养，但是高额的费用也是一笔不小的开支。所以平时的生活习惯显得尤为重要！

化妆品最好是区分早上和晚间。秘诀在于，白天要使用能够抵挡紫外线和灰尘等污染的产品，晚间主要使用充分补充营养的产品。

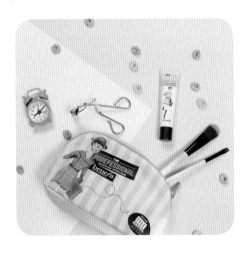

⭐ **防晒霜只用在白天，乳霜类只用在晚上**

防晒霜大多数是霜状或者乳液状，所以常被误认为是基础保养品。其实防晒霜会阻塞毛孔，最好是在白天使用，等到晚上洗脸的时候彻底清洗干净。营养乳霜则是在肌肤休息的时候提供充分的营养，如果在白天使用，会使肌肤过于油腻，进而促进痘痘的生长，而且不易上妆。

Pay Attention

□ 并不是防晒系数越高的产品，防晒效果就越好。防晒系数越高的产品，添加的防晒剂就越多，对皮肤的刺激也就越大。因此一般情况下，选择SPF15、PA+的产品就可以。

□ 长时间待在户外，由于流汗等各种原因防晒效果会变弱，防晒霜要隔两小时补擦一次。

□ 不要涂完防晒霜马上出门，要等防晒霜渗透到真皮层之后再出门，因此最好在出门前15~20分钟涂完。

营养霜的用途在于皮肤休息时会供给充分的营养，所以用在白天的话过度的油分会导致青春痘的滋生，或者会出现晕妆。眼霜也是只适合用在晚间，因为化妆品间的不协调会导致反效果。

日用产品	会帮助皮肤锁住营养成分，阻止外界有害物质侵入到皮肤。日用产品含有防止紫外线的成分，所以在晚上使用会阻塞毛孔。
夜用产品	是用来镇静疲劳的皮肤、补充营养的，里面通常会含有与阳光产生化学反应，导致皮肤问题的成分，所以只能在晚间使用。

早、晚使用的产品

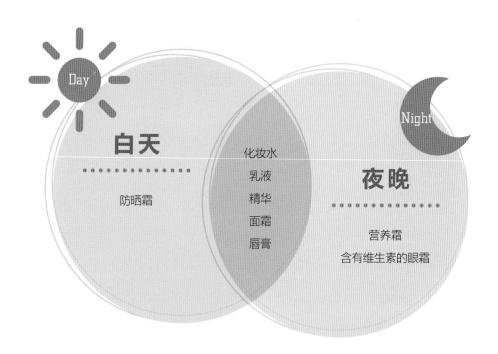

白天 .... 防晒霜

化妆水
乳液
精华
面霜
唇膏

夜晚 .... 营养霜
含有维生素的眼霜

化妆品不是擦得越多越好

你每天会使用哪些护肤品？活肌精华—化妆水—眼霜—精华—乳液—水分面霜—营养面霜—防晒霜？其实护肤品可不是擦得越多越好。所有肌肤问题最大的敌人就是干燥，只要每天做好保湿工作，就能让肌肤状况越来越好。我将保养程序简化为四步，依次为"化妆水—乳液—精华—面霜"。

⭐ 洗脸、卸妆也有顺序

洁面也是要遵循一定顺序的，通常化浓妆的时候，需要先用眼唇专用卸妆品卸除眼睛和唇部的彩妆，再用卸妆油卸除整脸的彩妆，最后用洁面乳洗脸。如果没有化浓妆，则可以省略眼唇卸妆的步骤，直接使用卸妆油和洁面产品。

⭐ 过度化妆会引起皮肤问题

过度使用化妆品，会导致皮肤承受压力，引起皮肤问题，因此我建议早上涂抹化妆水—精华液—水分霜—防晒霜，晚间涂抹化妆水—眼霜—营养霜即可。

基础护肤阶段很容易混淆顺序，这时只需要记住一点，就是产品的使用要从稀到稠。不过美白产品适合用在化妆水和乳液之后，保湿霜之前。因为保湿霜会产生水分保护膜，所以其他机能性产品就很难渗入到皮肤里。

每天用化妆品给皮肤提供营养和水分，皮肤本身所有的机能会退化掉。所以每周1～2天只涂抹化妆水和乳液，让皮肤找回自身的再生能力。

使用卸妆油的正确步骤

- ☐ 要保证脸部、手部完全干燥，取适量卸妆油。
- ☐ 以画圆的方式边按摩边将卸妆油涂在脸部。
- ☐ 眼部周围、鼻子和嘴周围要仔细清洁。
- ☐ 用温水浸泡手部充分乳化卸妆油，使油污浮出肌肤表面。
- ☐ 用面巾纸或化妆棉轻按脸部，使油污渗入面巾纸中，然后冲洗干净。

防晒：拒绝紫外线的伤害

紫外线对皮肤的影响大家再清楚不过了。紫外线的影响程度可以通过天天在田地里辛苦耕种的农民看出来。同样的年龄，农村的老人和都市的老人却有着不一样的皮肤，罪魁祸首就是紫外线。这些年由于环境破坏的加剧，更多的紫外线直射到皮肤上，不仅会引起老年斑、雀斑、红斑等问题，而且还会加速皮肤老化。很多女性误以为防晒霜只用在炎热的夏天，其实这是错误的想法。365 天，无论是晴天、阴天、下雨天，还是下雪天，甚至在室内都需要涂抹防晒霜，因为升起太阳的白天无论在哪儿都会有阳光。

★ 就算只涂抹防晒霜，也要卸妆

就算没有化妆，只是涂了防晒霜，也一定要卸妆！因为防晒霜会阻塞毛孔，如果不卸掉，第二天肌肤可能会长出小粉刺。所以要塑造好肌肤的关键就在于每天认真涂抹防晒霜，并且养成睡前一定要卸妆的好习惯。

Cosmetic
benefit 快速卸妆液

规格：177.4 mL
无油的卸妆水，能彻底清除眼部彩妆，即使是持久和防水化妆品亦能轻松卸除；无油保湿配方，卸妆同时再造清新柔嫩感觉，令肌肤洁净水润；无须冲洗的特殊配方，温和无刺激。

打造陶瓷肌，
Do & Don't

丢掉用手碰触脸颊的坏习惯

很多拥有童颜皮肤的人洗脸后都不用毛巾擦拭，而是用自然风吹干。虽然没必要做到这种程度，但最好还是不要用手碰触脸部。喜欢频繁地摸脸的人，一定要有意识地减少摸脸的次数，并且要经常洗手。

尤其是早上洗完脸，一定要穿好衣服后先洗手，再化妆。衣服有多少未知的灰尘，洗洗牛仔裤就知道了。

每天睡足 7 小时

一般来说晚上 10 点到凌晨 2 点是皮肤细胞滋生的好时候，也就是我们所说的睡美容觉的时间，因此要保证有规律的睡眠，每天都在同一时间睡觉。哪怕白天睡觉，晚上醒着，持续这种模式，身体也不会发生任何变化。因为身体本身有惯性，能够适应长此以往的生活习惯。如果这种持续的模式被打破，皮肤就会出现问题。去海外旅行，倒时差也是同样的道理。

● 一定记得皮肤护理的开始是保持双手干净。万事都需要坚持不懈的努力，想要拥有陶瓷肌肤，一定要有好的心态，再辛苦的努力都是值得的。

杜绝紫外线，别忘了擦防晒霜

紫外线不但会使皮肤变黑，甚至还会给肌肤带来不可逆转的伤害，防晒是保持皮肤健康与白皙的重要护理环节。紫外线是太阳射至地球的一种不可见光，如果长时间被紫外线照射，会导致部分细胞老化，失去抵御能力，持续产生黑色素，最终形成晒斑。做好防晒是保持肌肤白皙的前提。想让肌肤免受阳光的折磨，就要及时掌握防晒的细节。想达到最好的防晒效果，不仅仅要选择适合自己的防晒产品，更要掌握正确涂抹防晒霜的手法，这是个细节问题，如果胡乱涂抹，一定防晒失败。

Step1	脸部分区，在两颊、额头、鼻尖及下额五个区域点上防晒霜，然后用中指和无名指指腹，轻轻按压然后将防晒霜均匀涂抹开。
Step2	切记脖子上也要涂抹防晒霜，顺着后颈向上涂抹抚，如果可以每天坚持涂抹防晒霜还可以让皮肤变白皙。而且防晒霜最大的好处是防止光老化。
Step3	往脸上各个区域点涂粉底液，不一定要用粉刷或海绵，照样用中指和无名指指腹，轻点推按。这样更加显光亮，而且薄而均匀，覆盖了毛孔和暗沉的肌肤，瞬间透明感增加。
Step4	T区千万不要厚重，从额头开始，用两指将粉底液沿着脸部线条推匀，顺着鼻梁往下，最后才是鼻翼和眼睛周围。
Step5	借由手温上粉底是最好的方式，但仍有鼻翼、嘴边等手指无能为力的死角，就用海绵慢慢轻抹，将多余的粉底均匀分布，按压更服贴。

每天至少喝 8 杯水

问许多艺人童颜的秘密是什么，她们几乎都会回答"每天一定要喝 8 杯水"。口渴就是人体水分缺失的信号，所以口渴之前就要先充分补充水分。但是一天喝 8 杯水并不简单，所以可以执行早上起床 1 杯，在学校或者公司 1 ~ 2 杯，中午吃饭前 1 杯，下午 1 ~ 2 杯，晚上吃饭前 1 杯，晚上睡觉前 1 杯，如果喝不惯没有味道的水，可以加点柠檬汁或者薄荷等。

充分的睡眠虽然重要，但良好的睡眠质量也是必不可少的。因此要选择对睡眠有帮助的枕头，没有必要的灯光都关掉，创造良好的睡眠环境。很多人会对枕套不怎么关心，其实脏的枕套也会对皮肤产生巨大的影响，因此常常清洗枕套也是有必要的。

睡觉前一定要卸妆

很多女性因为疲劳、喝醉酒等种种原因，不卸妆就直接睡觉。但是如果把"累得都没有力气卸妆"当作借口的话，莫不如一开始就不要化妆。不卸妆睡觉对皮肤是最致命的伤害。脸部残留的化妆品会吸收皮肤的水分，导致皮肤干燥，使皮肤变得粗糙，进而慢慢损伤皮肤，所以睡觉前一定要卸妆！

★ 如果不小心直接入睡了，第二天早上要做特殊护理

明星们素颜下的好皮肤并不是与生俱来的。结束拍摄，即使凌晨 4 点钟回家，他们也不会直接入睡。哪怕直接入睡了，第二天早上他们会认真地洁面，用蒸汽浴巾除去毛孔的阻塞物，然后用浸湿化妆水的化妆棉擦拭脸部，用精华、面霜滋润皮肤，再敷面膜，用心护理受损的皮肤。

Cosmetic
benefit 补水亮肤喷雾

规格：133.1 mL
富含独家三重焕采复合成分，瞬间润泽补水，增加光泽度，强化肌肤天然锁水屏，长效储水保湿。

明星护肤
秘诀

勤做按摩 + 运动

　　女生的胸、腿、下巴和屁股都是很重要的，很多女艺人比我们都勤快，她们需要上镜，需要保持脸蛋漂亮、保持身材，为了避免下垂使上镜漂亮，她们会使用专用按摩霜，会跑步、打羽毛球、做 spa 水疗与美容。运动流汗，会让人有精神，皮肤也会更健康。

日常淡妆 + 完整卸妆

　　作为化妆师经常会有艺人跟我们说："要裸妆，透明妆"。我也会尽量建议我的所有客户不要化太浓的妆，要让皮肤休息。要让皮肤长期保持光泽，彻底的清洁是很重要的。有一些朋友工作太累回到家不卸妆就睡觉，如果不卸妆，皮肤不仅容易变差，还会产生痘痘和雀斑，所以更是要保养。在卸妆过程中手势要尽量快速，避免在洗脸的过程中反复按摩，如果卸妆品长时间接触肌肤，会成为肌肤干燥的原因之一，清爽的洗净才是正解。

淡斑、保湿、美白加面膜

　　演员们拍戏化浓妆，会使得皮肤很干，也不透气，如果每日都会先做好肌肤的美白和保湿，每天都要敷 1 片水分面膜，加强保护皮肤。

早起喝蜂蜜，睡前喝红酒

　　每天起床做的第一件事就要喝蜂蜜，好过喝咖啡。睡觉前当然可以来杯红酒。

生活、饮食简单

　　尽量不熬夜，因为这样会让皮肤与身材走样很难看。每天尽量睡足 6 ~ 7 小时，要多喝水，多吃水果蔬菜。

Drink water...

基础护肤中
最重要的是什么

表皮层是美容重点：皮肤的表皮层平均厚度为 0.2 毫米，由外向内主要分为五层，包括角质层、透明层、颗粒层、棘细胞层、基底层。其中角质层具有防止细菌侵入、防止水分蒸发的功能，而基底细胞间夹杂一种黑色素细胞，能产生黑色素，决定肤色深浅，所以基底层是除角质层外与皮肤美容关系最为密切的。

护肤要点：只控油、吸油，而不补水，皮肤就会不断分泌更多油脂以补充大量流失的油脂，逐渐导致"越控越油"的局面。

Cosmetic

从护肤的角度来讲，表皮并不是最外面的皮肤成分，外面还有一种起保护作用的皮脂膜。皮肤表面有一层肉眼看不见的膜，叫作天然皮质膜或天然保湿膜。人体分泌出来的皮脂膜呈弱酸性，最佳 pH 值在 4.5 ~ 6.5，可以防护皮肤抵御外界刺激侵袭。经常去角质会造成皮脂膜被削弱，当这层"防护膜"有了漏洞，皮肤健康自然受到威胁。

摒弃那些致命的美容细节：不经意间，许多被人们忽视的"致命"美容细节都在被不断地重复着，这些细小的动作日积月累后，就会给你娇嫩的肌肤造成不可挽回的伤害。无论你是花季少女还是雍容贵妇，如果长期继续这种错误的护肤方法和生活方式，皮肤都可能受到不可逆转的伤害。你不信？现在就细细数数都有哪些让人变丑的生活小细节。

拯救问题肌肤，刻不容缓

睡前喝了很多水，第二天面部水肿

 先用冰敷消肿，然后再泡一个热水澡

睡前吃太多的食物或者喝太多的水，第二天早晨起来就很容易出现水肿。这个时候可以先用冰敷使脸消肿（可以用事先放在冰箱里的汤匙），然后再用冷热水交替洗脸。

消肿的另一个好方法就是出汗。通过跑步或者跳绳出汗，然后再进行冰敷，可以很快消肿。如果嫌运动麻烦，也可以做半身浴。在热水中泡 20 ～ 30 分钟，直至出汗。但是沐浴之后热量还会持续 30 分钟，所以不要马上化妆，等脸部消肿之后再开始上底妆。

因为太疲劳，脸发红又干燥

⭐ **用茶包水敷脸，加强保湿**

脸发红的情况下，可以用泡过茶的水与冰交替敷脸，并喝一杯凉水刺激身体，促进血液循环，恢复肌肤原本的功能。接下来涂抹面部精油或保湿霜，10 分钟后再化妆，粉底液中也可以加入 1 ～ 2 滴化妆水，使底妆不会卡粉。皮肤一旦感觉变粗糙了，最首要的任务就是充分地补水，使皮肤变得滋润。

肌肤总是紧绷绷的

⭐ **快速补充水分**

早上睁开眼睛，皮肤有特别紧的感觉，这表明肌肤已经相当干燥了，要马上补充水分。首先用凉水洗脸，唤醒沉睡的皮肤，然后涂抹大量的保湿霜。上妆的时候在粉底液中加入 1 ～ 2 滴精油，并选择保湿的粉底，最后喷上保湿喷雾，轻轻拍打几下，这样就能缓解干燥。

角质太厚，皮肤很干燥

⭐ 涂抹面部精油，使角质易于脱落

　　脸上角质太多的话，很容易出现浮粉的情况，可以在早上先用面部精油来做紧急护理，舒缓肌肤后角质就比较容易脱落，妆容也比较服帖。不过这只是应急的方法，晚上回家后还要进行深层去角质。晚上洗完脸，妆容都卸除干净之后，用热毛巾敷脸，打开毛孔，然后用霜状去角质产品去掉角质。再按摩全脸，使脸部放松，完成深层去角质的流程。

嘴唇很干燥，润唇膏都涂不上去

⭐ 用热毛巾先去掉角质

　　天气太冷或者太累的时候，嘴唇会变得干燥，甚至脱皮，这是因为嘴唇上的角质太多了，这个时候可以先用毛巾热敷，等角质软化后再用棉棒轻轻去除。赶时间的话可以先涂上一层厚厚的保湿霜，等10分钟后再洗掉，此时嘴唇马上变得水润。

⭐ 平时也要注意保湿

　　嘴唇没有皮脂腺，当你感觉嘴唇干燥的时候，用舌头湿润嘴唇会感觉瞬间变得很滋润，但是当唾液蒸发后就会带走唇部的水分，反而使嘴唇更加干燥。因此想要拥有滋润的嘴唇，就要从平时开始勤奋保养，随身携带具有防晒功能的护唇膏，随时随地补充水分。

突然冒出了几颗痘痘怎么办

★ 痘痘千万不能挤

昨晚睡觉的时候明明还没有痘痘，今早就冒了出来，真是令人烦躁！很多女生遇到这种情况会马上把痘痘挤出来，然后在痘印上涂抹遮瑕膏，但是这是大错特错的。挤痘痘后肌肤会出现伤口，非常容易造成细菌感染，用再多的遮瑕膏也于事无补。长痘痘的时候，最好的方法就是不化妆。长痘痘是因为毛孔堵塞，在痘痘上面上妆只能导致毛孔更加堵塞。如果必须要化妆的话，也千万不能挤痘痘，直接化妆，再用遮瑕膏薄薄地涂一层即可。

没睡好，黑眼圈变得更严重

★ 眼部按摩促进血液循环

只要把腮红画在比笑肌更上面一点的地方，就能分散注意力，使黑眼圈看起来没有那么明显。熬夜或者失眠的时候，黑眼圈就会特别严重，这时要按摩眼睛周围。搓热双手，按住眼睛，再轻轻敲打眼睛下部的骨头，然后按住眼睛周围。最后再次搓热双手按住眼角部位，促进血液循环。

★ 与其盖住黑眼圈，不如加强腮红和眼线

黑眼圈同青春痘一样，涂抹厚厚的遮瑕膏反而会起到反效果。黑眼圈严重的时候可以画上下眼线，并在眼睛下面打上亮粉，这样能使眼睛看起来更透亮，视觉的焦点就会放在眼睛上，而不会太注意到严重的黑眼圈了。除此之外，用腮红强调也是不错的选择。比原来打腮红的地方稍微往上一点，重点放在眼睛下面，效果更佳。

Pay Attention

Q：你的眼部肌肤需要美白吗？

A：91%的人存在眼部肌肤暗沉、色斑、黑眼圈等眼部肌肤问题，需要美白。

Q：你的眼部暗沉和斑点是由什么引起的？

A：53%的人眼部暗沉和斑点是由熬夜引起的，24%的人是经常化妆后卸妆不彻底引起的。不注重防晒，内分泌失调也会引起眼部肌肤暗沉。

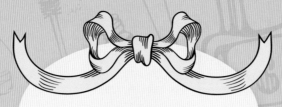

第二章

明星的好肌肤
底妆功劳大

I like long romantic walks down the makeup aisle.

化妆前的
重点

大多数人一般只关心在脸上使用什么样的产品，如何使用，但是却有很少的人会仔细研究自己的脸型。我认为想要画出一个完美的妆容，首先要了解自己，只有充分认识到自己脸型的特征，把特色强调出来并掩饰脸部的缺陷，才能打造出最适合自己的完美妆容。

先仔细观察自己的脸型

在化妆的过程中很多人对自己的脸型感到陌生。因为脸型是否对称、鼻子大小，甚至双眼皮的宽度都会影响整体妆容的效果，因此化妆的第一步就是要先观察自己的脸型，准确掌握，找到秘诀，才能画出完美的妆容。

化妆前可以先把自己的脸型仔细观察一下，找出不太协调的地方，把这些地方通通列出来，在下一步的化妆过程中尽量弥补。只有知道自己脸上有哪些不完美的地方，才能通过化妆弥补，使自己更美丽！

Tips

 圆脸型如何化妆：圆脸若要修正成椭圆形很容易，腮红可从颧骨开始涂至下颌部，而不要在颧骨突出部位涂成圆形。用粉底在两颊形成阴影，使圆脸瘦削一点。眉毛，修成自然的弧形，不要太平直或有棱角。

 长脸型如何化妆：长脸型的人，腮红应注意与鼻子的距离稍远些，在视觉上拉宽面部。在双颊和额部涂以浅色调的粉底，形成光影，使面目变得丰满。眉毛要化成弧形，不要太高，也不要有棱角。

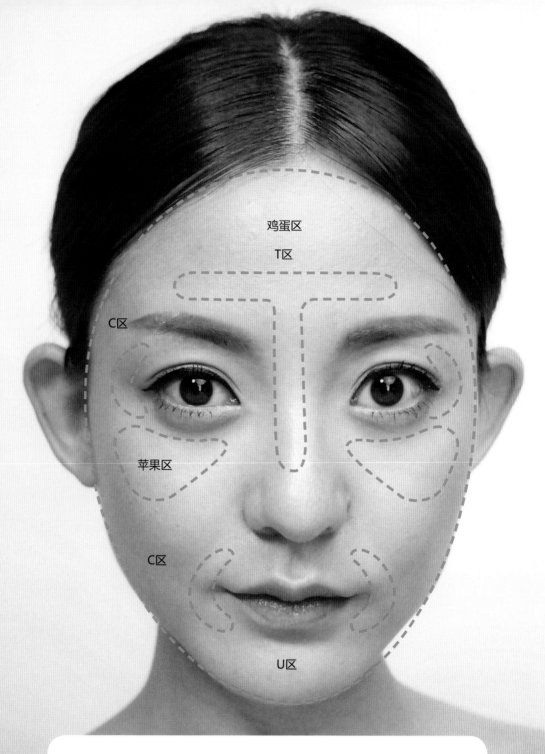

鸡蛋区

T区

C区

苹果区

C区

U区

鸡蛋区　在这个部位稍微打亮轮廓，能打造出完美的立体感。

T区　　只要在这个区域打亮，形象会变得完全不同。

U区　　经常会干燥，产生角质，所以要注意护理。

苹果区　让这个部位看起来水润饱满，就能打造童颜美肌。

C区　　皮肤老化的速度比较快，容易产生皱纹，所以要细心保养。

每天确定化妆的主题

很多人在化妆时都是按照"底妆—眼妆—唇妆—腮红"的顺序来化，其实化妆并没有严格的顺序，就像阳光明媚和乌云密布的心情不同一样，化妆的时候要根据当天的皮肤状况来决定，而且每天要化不同的妆容，根据当天的发型、着装等尝试不同的妆效，这样在不知不觉中就会学到很多化妆的技巧。

★ 根据皮肤状态、化妆法等尝试改变顺序

皮肤状态不好的日子大胆尝试把化妆的重点放在眼线上。皮肤状态比其他日子更有活力，就把重点放在腮红上。化浓妆的时候也可以尝试先画眼睛部位，再画底妆。因为画眼影时可能会掉黑色粉末，其粘到底妆上，会导致底妆很难看。要根据当天的心情和皮肤状态可以自由地尝试不同的化妆方法。

另外，不要盲目地追求流行，最重要的是选择最适合自己的化妆方法，例如眼睛又大又亮的女生，如果化一个浓浓的烟熏妆就显得很俗气；嘴唇又大又厚，涂抹鲜艳的红色口红就会让人产生压抑的感觉。因此我们一再强调，一定要找到适合自己的化妆方法，才能化出完美的妆容。

善用化妆工具
让化妆事半功倍

很多人喜欢用手直接化妆，认为手的温度会使妆容更服帖。但是如果不是专业化妆师的话，直接用手化妆很容易使妆画得不够均匀，所以尽可能使用化妆工具。尤其是毛孔粗大、皮肤有疤痕等皮肤问题比较多的人，使用工具才能化出更完美的妆容。

Tool 1
最基础的化妆工具——化妆棉

化妆棉主要用来蘸取化妆水擦拭全脸，或者用来卸妆。因为直接接触皮肤，所以要选择柔软的棉质（100% 棉），并且确保棉絮不会掉落，这样对皮肤的刺激也会比较小。除此之外，用过一次的化妆棉不可以再次使用，一定要扔掉！

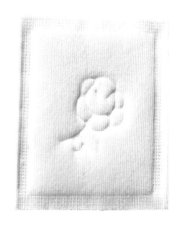

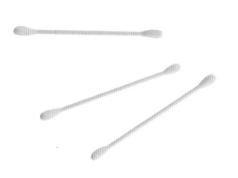

Tool 2
多种用途的化妆工具
——棉棒

在画眼妆和唇妆，或者需要部分的修正时，都会用到棉棒。用在眼睛等敏感部位的棉棒，最好不要选择薄或者易断的材质，棉棒蘸取化妆油或乳液等产品可以减少对皮肤的刺激程度。

Tool 3
使妆容更服帖的工具
——海绵

海绵是化妆时使用频率最高的工具，所以挑选的时候一定要慎重考虑。海绵也有很多种类，乳胶状或聚氨酯类型的海绵可以提高皮肤对化妆品的吸收力。天然橡胶海绵质感光滑，可以表现出滋润光泽感的底妆。

> 海绵的选择与使用

 擦额头、脸颊等大面积区域时，使用面积大的一面。

 擦嘴角、鼻子两侧，使用海绵尖尖的部分。

 海绵太大或者太小都不太好，要选择直径3~4厘米大小即可。

4 用手按压海绵时，富有弹性是最适合的。

Tool 4

卷翘睫毛的好帮手
——睫毛夹

想要获得卷翘的睫毛，睫毛夹的弧度必须与自己眼睛的弧度保持一致，并且要选择易于抓握的，这样夹睫毛的时候才能更轻松。另外，睫毛夹里的塑胶垫是非常重要的，如果旧了一定要换新的，因为断裂的塑胶垫很容易把睫毛夹掉。

拥有超越以往的超卷曲！珍藏睫毛夹的夹片更薄、弧度更大，以便让所有眼型的美眉都能打造出卷曲、俏皮的睫毛。

规格：17cm
定制完美底妆（双色调人造刷毛）

Tool 5

为不同部位准备的工具
——化妆刷

化妆刷的种类相当繁多，大概有十几种，化妆的部位不同，要选择不同的刷子，这样很容易化出超完美的妆容。腮红或眼影套装中会配有化妆刷，它的主要作用是修饰，并不适合化妆。

化妆刷的选择与使用

1 刷子的毛质最重要，购买前先在手背上试一下，一定要柔顺并且没有刺痛感。

2 刷子毛的长度要左右对称，压在手掌时要感觉有弹性。

种类	说　明
粉底液刷	底妆、BB霜、粉底液等可以均匀地涂抹。刷子呈扁平型，一般是合成毛，要选择毛质细腻、有弹力的产品
眼影刷	主要用于把眼影刷涂在眼皮褶皱处
要点刷	画眼妆重点部位或是进行颜色混合时使用
嘴唇刷	颜色强烈或者质地比较硬的口红最好用唇刷。选择合成毛，毛不能太粗、太长
粉刷	刷去多余的粉，使妆感更轻薄。要选择毛质匀称、浓密，感触柔顺、有弹力的天然毛
阴影刷	用在脸部轮廓的刷子。刷头要大，毛质要有弹力、柔顺才可以表现出匀称而自然的妆感
遮瑕膏刷	可以遮盖脸部瑕疵和缺陷。要选择合成毛，并且刷头不能太大，厚度和大小适中的产品
腮红刷	在颧骨上画出重点，想要表现出清爽的感觉就使用斜线的刷子，想表现可爱的感觉时就使用圆头的刷子
高光刷	化高光所使用的工具，建议选择斜线形的刷头，服帖性比较好，而且不会留下粉末
鼻梁刷	想表现出挺拔的鼻梁就可以使用。要选择柔顺而富有弹性的毛质
眉刷	整理眉形的必备工具，要选择富有弹性的合成毛和天然毛混合成的产品
眼线刷	毛质要有力度，刷头扁而短
结束用刷	刷头像扇子的形状，用于刷掉脸上多余的粉末
螺旋刷	在整理眉毛或睫毛的时候使用

打造滋润细腻
底妆所需的化妆品

Section 3

隔离霜

用于调节肌肤油分和水分均衡，使粉底更易上妆，调整肤色，保护肌肤。隔离霜不仅是护肤的最后步骤，也是上彩妆的第一步，因此极为重要。现在为了弥补皮肤泛红、暗沉等问题，隔离霜也分有紫色、绿色、粉色。

紫色——适合皮肤暗沉泛黄的。绿色——适合皮肤泛红的。粉色——适合皮肤白皙缺少血色的。

涂抹方法

 1 取绿豆粒大小，放在手背上。

 2 从宽部向窄部，即按脸颊、额头、鼻子、下巴的顺序。

 3 在皮脂分泌较多油亮的T字位和下巴部位，涂上薄薄的一层。

4 在皮脂分泌较少的眼部周边和一笑就出现的从鼻翼到嘴角的皱纹部位，用粉扑的一角，仔细涂抹。

粉底

粉底一般有粉底液、粉饼装与散粉装三种。正确使用粉底，可以调整肤色、掩盖瑕疵，使皮肤呈现自然而颜色均匀的效果。粉底由于形态不同遮盖力也有所区别，每个品牌的粉底一般都会分为不同的颜色，以适用于不同深浅的肤色。除此之外，粉底也有偏粉红和偏黄的不同效果。亚洲人选用微微偏黄的颜色会比较适合，更容易获得仿佛无底的效果。伴随现代科技技术而生产的粉底具有更多的修饰效果，颗粒更细腻，并具有保湿、控油或防晒等多重功效，能轻易创造自然、光滑、晶莹的健康肤质。

涂抹方法

 挤粉底液在手背上，用圆形粉底刷轻沾表面。

 鼻翼两侧毛孔、瑕疵较多，先从此处画圆上妆。

 鼻翼、眼尾等凹陷处，用余粉一样以画圆方式上妆。

 额头、两颊等肤质较好的地方，用刷子上的余粉大范围上妆就足够。

 以吸油面纸轻压，吸去过多油脂，延长不脱妆时间。

双用粉饼

双用粉饼干用具有亚光散粉的作用，湿用可以起到一些粉底的修饰作用，在我们专业造型师的工作中，粉饼是补妆或吸油的好产品。

Cosmetic
benefit 毫无油虑打底霜

规格：24.0g
无色、轻盈的香膏可以让肌肤如丝般柔滑。特含维生素C、维生素A和维生素E，可以显著平滑细纹。

蜜粉

蜜粉一般用于定妆。可以使彩妆效果长久，减少面部油光。按照不同的分类方法，一般可分为透明粉、彩色粉、亚光粉和闪光粉。透明粉往往只为皮肤带来干爽的效果，不会改变皮肤颜色；彩色粉有偏白、偏粉、偏绿、偏紫、偏黄等颜色，紫色蜜粉可以令皮肤白皙粉嫩，散发红润光泽；绿色蜜粉能使肌肤显得光滑、白嫩、自然，肤色偏黑、眼白红血丝者，也可以利用绿色蜜粉来做遮掩；肤色较白、没有血色的人，可以使用粉红色蜜粉；肤色较深，有小黑斑、雀斑或明显的疤痕、痘印，可以使用蓝色蜜粉；黄色蜜粉可以让肤质显得细致。

相对于亚光粉，闪光粉含有闪光微粒，适量使用后可以带来皮肤的光泽感，给皮肤增加亮度。定妆 BB 蜜粉能有效遮盖肌肤各种瑕疵，令肤色更白皙自然、均匀柔滑、防水防汗。

Cosmetic
benefit 糖衣炮弹蜜粉

规格：8.0g
旋转刷子蘸取蜜桃色、紫芋色、玫瑰色与珠光粉这4种柔光美色，轻轻扫于双颊，即刻拥有甜美好气色。这款蜜粉能为面颊带来自然光泽。

Cosmetic
benefit 蒲公英蜜粉

规格：7.0g
这款蜜粉腮红两用产品，可以让肌肤呈现红润自然的好气色。透明轻薄带有淡粉红色的细腻粉末可以均匀肤色，妆前妆后都能使用。

Pay Attention

- ☐ 扑蜜粉是帮助妆容持久、不易泛油光的重要一步，但是由于其粉质的质地，很容易变让人变成"面粉脸"，所以一定要注意使用量不要太大。
- ☐ 不要把蜜粉用力拍打在脸上，涂抹时动作越轻柔越好，可以在鼻子两侧的位置多扑一些，因为这个地方油脂分泌较多，多扑一些可以使妆容更为持久。
- ☐ 建议皱纹较多或者是面部表情丰富的人不要扑过量的蜜粉，以免让脸部的细纹更加突出。

遮瑕产品

一般有遮瑕笔、遮瑕膏、遮瑕液，可以有效修饰、掩盖黑眼圈、色斑或色素沉积，可在施粉底前或粉底后使用。使用遮瑕产品时，应注意颜色要与皮肤或粉底的颜色接近。一般来说，遮住肌肤褶皱凹陷，以及唇角周围、下巴、眼角的色素沉淀，遮瑕膏为最优选择；而鼻翼两旁的遮瑕，使用遮瑕笔的遮瑕效果佳。眼部周围适合用更为清透滋润的遮瑕液。

涂抹方法

- ☐ 选择比肤色浅两号的蜜粉定妆，先将眼睛下方的蜜粉扑上，用指肚抚平下眼睑眼袋或者细纹后，再扑上大量蜜粉。
- ☐ 把上眼皮的粉底推匀，扑上蜜粉。
- ☐ 从鼻尖往两眉间至额头、从下巴往两颊与耳朵方向扑，蜜粉全部扑好后，采用轻拍的方式将之前扑上蜜粉的部位再拍一次。
- ☐ 再次选择与肤色相同的蜜粉，按照步骤重新做一次就行。
- ☐ 将粉扑上多余的蜜粉擦掉，从鼻尖至额头，鼻侧至太阳穴，人中至下巴，下巴至两颊，全部重新按压。

定妆液

定妆液功用同蜜粉一样，但更保湿、清透，让底妆有自然光泽度。

Cosmetic
benefit 无瑕持久定妆底霜

无瑕持久定妆底霜分秒必争，像磁铁般牢牢锁住妆容，让你的妆容一整天清新如初。

涂抹方法

离脸部10～15厘米左右，均匀喷洒适量底妆液即可。

粉底的使用技巧

 液体粉底

质地分析	液体粉底的配方较轻柔，紧贴皮肤，由于水分含量最多，具有透明自然的效果。如果添加了植物保湿成分或维生素，还具有很好的滋润效果。
优 点	自然与肤色融合，使肌肤看起来细腻、清爽，不着痕迹。
缺 点	单独使用容易脱妆。对瑕疵的遮盖效果不够好。
适合肤质	适应于油性、中性、干性的皮肤。油性皮肤要选择水质的粉底，中性皮肤则宜选择轻柔的粉底，干性皮肤可以选用有滋润作用的粉底
使用要诀	可以局部配合固体粉底使用，使妆容更完美持久。

★ 固体粉底

质地分析	现在的固体粉底是以前的油彩粉底经过改良之后的产品，大大降低了厚重感，优质的固体粉底遮盖效果好且质地细腻，保湿、清爽。
优 点	干爽细腻，颜色均匀，美化毛孔，同时方便，可以随时使用。
缺 点	肤质粗糙者涂上去后会粘连角质层。
适合肤质	适合各种肤质。
使用要诀	使用时，最好配合潮湿海绵在面部普遍涂抹。然后用海绵轻按，注意要涂均匀。

质地分析

这是一种备受油性肌肤者欢迎的粉底，因为特别应用了无油或极少油底妆散粉脂的水性配方，使其质地清爽舒适，不会给肌肤带来丝毫厚重感和负担。

质地分析

乳霜状粉底有修饰作用，它属于油性配方，粉底效果有光泽、有张力。

优 点

可在夏季等炎热季节使用，清爽无油，感觉非常舒适。

优 点

其滋润成分特别适合干性皮肤，更能掩饰细小的干纹和斑点，在脸上形成保护性薄膜。

缺 点

遮盖效果较差。

缺 点

长时间使用容易阻塞毛孔，影响皮肤呼吸顺畅。

适合肤质

各种肌肤。

适合肤质

适用于中性、干性、特干性皮肤。

使用要诀

只轻轻涂抹一层，可达到透明自然的效果，著想遮盖斑点或瑕疵，需配合遮瑕笔或霜状粉底。

使用要诀

为避免涂抹厚重，可用手指代替海绵扑，将粉底轻薄地涂抹于面部。

★ 两用粉饼

质地分析	干湿两用粉饼分为干面和湿面两种，分别由干粉和湿粉构成，质地细腻，效果周到。
优　点	干湿两用粉底使用方便，将干粉底扫在脸上，能修饰妆容，显得自然通透；而用湿润的粉扑扑上粉底，则可以营造出细致清爽的效果。
缺　点	经常使用会使皮肤变得干燥。
适合肤质	适用于油性及中性皮肤。
使用要诀	油性肌肤在使用粉饼前，应先拍上爽肤水，用吸油纸吸去脸上的油脂。

粉底的选购

★ 颜色

试色的时候要试在脸部与脖子交接处，才会拥有最自然或你最想要的妆效；自然一点就选择最接近肤色的色号，想要红润肌肤就选红一点的色号，想要白一点就选比肌肤白一色的色号。

Cosmetic
benefit 热带风情胭脂蜜粉

规格：8.0g
搭配柔软的天然鬃毛化妆刷，这款细腻、不带闪粉的古铜色蜜粉可以让你整整一年拥有健康、自然的肤色。

★ 粉底状态

液状、凝露状多为夏季设计使用，较为清爽，也适合油性肤质；有的产品会添加吸附油脂的成分，平衡肌肤出油状况，可以维持较长妆效；乳状、霜状较适合冬季使用，或是干性肤质；条状方便上妆，在脸上画几条再用海绵推开就完成底妆了，是最为便利的粉妆。

☐ 清爽度: 液状 ＞ 凝露状 ＞ 乳状 ＞ 条状 ＞ 霜状

☐ 遮瑕度: 液状 ＜ 凝露状 ＜ 乳状 ＜ 条状 ＜ 霜状

☐ 保湿度:这要看各产品的成分和季节。如果觉得很干，那么这样的粉底就不适合在冬季使用，否则会令眼周长出细纹。

1 使用T字部位专用隔离霜，既可以一整天保持清爽，又有遮瑕毛孔的效果，能抚平毛孔凹洞，让肌肤变平滑。

2 使用乳霜类的隔离霜，可以遮掩鼻子到脸颊凹凸不平的毛孔和细纹。

3 干性肌肤可以选择添加了珍珠亮彩粒子的乳霜类隔离霜，利用光的效果遮掩毛孔、细纹等问题。肤色变好了，脸型五官也会更加立体。不过只适用于干性肌肤的人，油性肌肤的人使用这类含光的隔离霜产品，只会让毛孔更明显。

4 使用凝胶类的毛孔遮瑕专用隔离霜，用指尖蘸取适量涂抹，就能填补凹洞，让肌肤变得平滑。

5 防水粉底大多都是油性的，所以油性肌肤只可用于需要的部位，如脸颊、颈部，而不可以全脸使用，尤其不可用于容易出油的T字部位。

6 用饰底产品和粉底调和使用，可以减轻粉底的厚重感，让妆容更透明、持久。

轻松打造
不同系列底妆

透明底妆

☆ 先用妆前基础霜打底

使用散粉之前，先用妆前基础霜打底，修饰毛孔、肌肤色差、暗沉等问题，就能有效降低粉底的用量，让妆容看上去更自然轻薄。注意基础霜要针对每一种肌肤问题，做局部涂抹。

1. 从外到内，遮盖毛孔

用妆前基础霜遮盖 T 区、脸颊、鼻翼两侧的毛孔。由于毛孔是一个凹形结构，因此需要从各个角度，由外向内进行涂抹。

2. 均匀整个脸部肤色

在整个脸部涂抹偏白色系的妆前基础霜，并用粉扑轻拍数次，吸收多余的基础霜，同时令肤色更加均匀。

3. 增加自然的立体感

沿着颧骨的位置，用中指指腹从内向外轻轻拍上粉色系的妆前基础霜，为整个脸颊带来自然的立体效果。

☆ 涂抹粉底

然后是粉底。用粉扑抹匀粉底之后，再将妆前基础霜与遮瑕膏进行混合，提亮上眼睑，令脸部更加通透，富有立体感。而整体的肤质也会显得细腻有致。

1. 从内向外，均匀涂抹

在手背上调匀粉底液，并用指腹从内向外均匀涂抹于整个脸部。注意涂抹的方向要顺着脸部的弧度，以保证肌理平整。

2. 粉扑匀开轮廓线

用粉扑从内而外，轻轻拍打脸沿线及发际线处。均匀脸部肤色的同时，还能吸去多余的粉底，保持底妆轻薄，避免脱妆。

3. 擦去沾在眉毛上的粉底

用粉扑上没有沾到粉底液的部分，轻轻地来回擦去眉毛上多余的粉底。

4．遮瑕膏提亮上眼睑

将遮瑕膏与妆前基础霜混合后，均匀涂抹在上眼睑处，起到提亮效果。因为中和了遮瑕膏的厚重质地，因此妆效更轻薄。

⭐ **打散粉**

然后才到了打散粉这个关键步骤。建议在脸沿线处选择淡色系散粉进行定妆。此外，还要在脸部凸出的部位加入高光，令整体妆容更有层次感。

1．使用散粉进行定妆

粉扑蘸取散粉后，先用纸巾吸去多余粉末，然后在脸部轻轻拍打，固定已经完成的底妆。

2．轻轻抚平眼部底妆

眼周容易生成细纹，令粉底堆积结块。为了避免不必要的尴尬，可以用海绵扑轻轻抚平眼周，擦去多余粉底。

3．颧骨部分加入高光

选择适合亚洲人肤色的高光散粉，轻扫在颧骨苹果肌上，打造出提亮效果。令脸部更富有立体感。

4．眼睑处也要加入少量高光

用眼影棒蘸取高光散粉，从内眼角开始，由内向外对下眼睑进行提亮。令透明感和立体感更加自然。

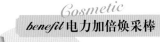

Cosmetic
benefit 电力加倍焕采棒

规格：9.4g
只要它轻轻吻过脸颊和眉骨，再将这柔和的微光抹匀，脸蛋就瞬间立体起来，闪烁完美光采。

Pay Attention

☐ 脸颊上不用扑太多的散粉，太多会令肌肤看起来缺少高光的部分，另外散粉过多会影响腮红的着色。

☐ 在额头上多拍一些散粉，以吸收皮肤油分。

☐ 选择一些光泽度高的散粉，刷在鼻尖的位置，让鼻子看起来又高又挺。

☐ 可以在脖子上也打上一些粉，让皮肤看起来更自然，也让脖子皮肤的颜色和脸部一致。

不同系列底妆

⭐ 日韩系列

　　不管是春夏秋冬，日韩明星的妆容看起来都是那么干净、自然、服帖；日韩妆容其实一直以自然清新为主导核心，所以在底妆上才会受到很多爱美女性的热捧。

　　打造日韩肌肤的前提是大家调整好自己的基底颜色；比如黑眼圈、痘印等调整好之后涂上妆前乳，再选择一款适合自己肤色的粉底色；最好选用液状的粉底；液状的粉底看起来更清透、更薄；在有痘印斑痕的地方选用遮瑕膏去进行修饰，最好不要让皮肤感觉粉质感很厚。

⭐ 欧美底妆

　　不管是裸妆还是彩妆总是以突出面部的立体感为主导；欧美底妆给人感觉立体感强而且使五官看起来很深邃。

　　在打造欧美底妆的时候，注意面部的凹凸的结构点，需要立体的地方（额头、鼻梁、两颊、下巴、眉骨），需要凹陷的地方两腮、鼻翼两侧、眼窝发际线周围，而且根据粉底的明暗变化更能表现面部的立体感；在脸上同时出现两种粉底色的时候一定要注意把两种粉底的色号柔和过渡。

⭐ **健康美黑**

由于健身的热潮和古铜色皮肤的热袭；我们逐渐也对古铜色皮肤的身影慢慢熟悉；比如当下很多艺人也在不断地挑战古铜色的视觉体验；健康的小麦肤色更能凸显健美与性感。

其实美黑肤色有很多种方法，比如通过日光浴、美黑喷雾、美黑霜等，当然也可以通过化妆的手法打造出美黑健康色，在我们上妆前一定要注意不能与自身肤色偏差过大，不然看起来不自然；在打底的时候还可以深浅粉底的色号调和使用，自然少不了古铜色的光泽感，涂完粉底之后一定与脖子发际线等细节部分加以衔接过渡。

记住"顶点和扇形法则"

完美底妆第一步就是先找出脸上的亮处和暗处，也就是要知道哪里需要提亮，哪里具体变暗，这也是化妆师们经常说的"顶点化妆法"，这种画法能够更加明显地表现出脸部的立体感，并且还具有减龄的效果。

鹅蛋脸的人以额头中央、两侧颧骨的外侧、下巴的顶点为线，就会形成一个菱形；倒三角、圆脸、长脸的脸人以两侧眉间和鼻子下面的顶点为一线，就会形成一个三角形状。在菱形和三角形的顶点内提亮，顶点外画暗，这样就可以表现出脸部的立体感。与此同时，顶点内的光会反射出来，使底妆看起来充满光透感。

鹅蛋形的脸在额头中间，两侧颧骨的外侧，下巴末端找出顶点形成菱形，在菱形内侧提亮，外侧用稍微暗一点的粉底打暗，制造阴影。

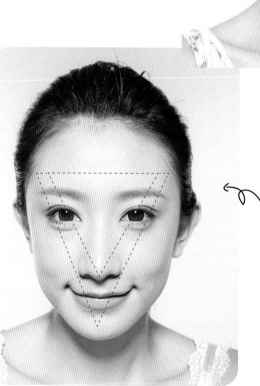

大倒三角形或圆脸的人，要先找出脸上的大三角形；小倒三角形脸或长脸的人，则要找出脸部里面的小三角形。只要在三角形的内侧混合使用亮粉底液和暗粉底液，就可以掩饰脸型的缺点。

找到适合自己皮肤的颜色

亚洲女性喜欢白皙、透亮的肌肤，大部分会选择颜色较亮的粉底，这是非常错误的观念。因为如果无视自己皮肤的颜色就擦亮色粉底的话，脸就会显得特别突兀，也无法表现出自然的陶瓷肌肤。

为了找到合适自己肤色的粉底，要在脸上直接擦拭。首先选择几乎看不出涂抹效果的产品。然后以这个基准，选择比这个亮一点或暗一点的颜色，选定后就可以按照前文所讲的"顶点化妆法"涂抹，打造立体感底妆。

除此之外，把粉底擦在脖子上，选择最自然渗透进皮肤的颜色，也是判别颜色的好方法，这种方法可以避免脸和脖子出现两种颜色不自然相融的情况。

同时使用两种颜色的粉底液

为了打造滋润而光滑的底妆，化妆前要先涂抹保湿霜，充分拍打吸收后再涂抹粉底液。保湿霜不仅可以帮助皮肤提高对化妆品的吸收力，而且还可使皮肤更加净透。

根据自己的脸型找出顶点，连成线，在线内提亮，线外要用比内侧暗一层的粉底液。这种方法适用于任何脸型，可以使脸显得小而立体。

T区部位和眼底部位：使用比皮肤颜色亮一级的底霜，脸部中间部位用粉底霜；杂质比较多的部分用专用遮瑕膏。根据每个部位的特征使用产品，效果会更自然。

Pay Attention

- ☐ 不要在手背上试颜色，因为是擦在脸上的，建议在靠近脸颊的脖子上或是手腕内侧试颜色。
- ☐ 干湿两用的粉一定要干擦湿抹两种用法都试试看。
- ☐ 一般而言，夏日防晒粉底选择SPF15左右就够了，和防晒霜一样，没必要追求过高的系数。
- ☐ 不同肤质在选择粉时也是不同的，油性肌肤的人应该选择较为干的粉，帮助吸收肌肤的油质，干性肌肤的人选择余地较大，可使用湿粉。

使妆容更服帖的秘诀

★ 排毒按摩

　　按摩有助于促进血液循环，提亮肤色，排出毒素和废物，提高化妆品成分的吸收力。但过分地按摩会导致皮肤下垂，因此找准指压的点，稍微用力按压就可以了。建议在擦完化妆水之后进行按摩，这样可以提高皮肤的弹性，也比较容易上妆。

1 > 额头上部，发际线中心向下移动着按摩，促进排毒。

2 > 按住眼角向脸部中心按摩，缓解眼部疲劳和水肿。

3 > 持续按住眼眉上方的骨骼，可以有效去除眼部毒素。

4 > 按住太阳穴3～5秒钟，再画圆圈。不仅可以排毒，还可以防止眼角下垂。

5 > 按眼睛下方的小骨，可以有效改善黑眼圈。

6 > 按住鼻翼两侧凹进去的部位，可以防止八字纹。

7 > 从耳朵旁边开始沿着颧骨按住，可以排出脸部毒素。

8 > 按住下巴线结束的点，耳根下面的部位，向上画圆圈，可排出毒素。

9 > 最后用手轻拍，从脖子轻轻拍到肩膀。

Pay Attention

在扑完粉之后使用保湿喷雾，既能达到让妆容更加服帖的效果，还能起到保湿的作用。具体的步骤：用粉扑均匀地将散粉扑在脸上后，使用保湿喷雾，再轻轻地拍打脸上的喷雾直至完全吸收。这样就能让脸上的妆容更加服帖、自然，绝对不会出现脸上的粉散落的现象。

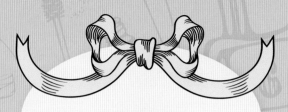

第三章

最没有心机的
基础五官妆

I like long
romantic walks down
the makeup aisle.

眼线

画眼线时一定要紧贴睫毛根部，可用一只手在上眼睑处轻推，使上睫毛根充分暴露出来，画出细细一条，若隐若现即可。后眼角处可适当向后延伸拉长，可以提亮眼神。除非是化妆高手，否则不要轻易使用眼线液，否则弄得不好反有生硬感。想更加自然的话，我们可以用咖啡色或用咖啡色眼影。

根据眼形画眼线

眼线可以完全改变一个人的整体印象，眼角上翘或者眼尾下垂都不用担心，因为眼线都可以弥补这些问题。

★ 眼尾上翘或者下垂：向反方向描画

眼尾上翘的人，用眼线填补睫毛中间，然后眼角稍微往下画即可。这时下眼线用白色或者含有珠光成分的粉色，使眼妆更加自然。

眼尾下垂的人，用眼线液或者眼线膏填补睫毛间隙，然后眼角微微向上画。从下眼线 1/3 处一直画到连接上眼线的部分，并且填满空白处，这样可以矫正眼尾下垂的问题。

★ 单眼皮更适合粗眼线

单眼皮并且眼睛小的人更适合粗眼线。睁开眼睛点出想要画眼线的前、后、中间三点，用眼线液或者眼线膏填满整体部位。中间部位比前后画得浓一些，结尾部位稍微上翘可显得眼睛大一些。

● 单眼皮的人适合像 Brown Eyed Girls 里的佳人一样画粗眼线。

画出完美眼线的小秘诀

大部分人在画眼线的时候都会遇到两个问题：第一个是选择什么样的颜色，完美的眼线可以使眼睛看起来更深邃，因此颜色太深或者太浅都不好。第二个困扰大家的问题是晕妆，经常很认真地化好妆，2～3个小时后眼睛下面黑了一大片！其实这些问题都能解决，只要掌握正确的化妆方法，就可以画出完美的眼线，以下分享4个小秘诀。

★ Point 1 画眼线前先涂抹霜状眼影

眼线晕妆是因为脸上有油脂，所以化妆前要先去除眼角油脂，维持皮肤的水嫩状态。在画眼线之前先涂抹霜状眼影，然后细碎地画出眼线。画完眼线后再涂抹相同颜色的眼影，最后再画一次眼线，这样就可以避免晕妆。

除此之外，眼线液和眼线膏一起用也可以防止晕妆，互相弥补缺点。但是这样做眼线会很快干掉，对于初学者来说，需要多多练习。

★ Point 2 填补睫毛的空隙

很多人认为眼线只是简单地画一条直线，但是维持平衡感对于初学者来说并不容易，经常会画歪。其实画眼线的时候，只要把睫毛间的空隙填满就可以，从眼睛中间开始向两侧画，这样就不会画歪了。

Pay Attention

眼睑是人体皮肤中最薄的地方，因此要注意在画眼妆时，要尽量轻柔，不要用手拉下眼睑描绘，以免使眼睛周围娇嫩的皮肤过早出现老化。画眼线时，要将肘部固定好，防止拿眼线的笔发抖，改来改去眼线就变形了，而且会使眼妆显得脏且不自然。

Point 3 先在眼睛上画出框框，再画眼线

　　涂完眼影后，可以先画出眼线框框，方法是目测前方，睁开双眼，顺着眼皮中前、中、后画出框框，然后再尽可能薄地用眼线笔填满睫毛间隙。

Point 4 根据眼皮调整粗细

　　画眼线时要根据眼皮调整粗细，眼皮较厚的人眼线也要画得厚一些；眼皮薄的人眼线也要画得薄一些。想要画出又长又尖的眼形，上眼线可以选择深褐色或黑色，下眼线则用灰褐色或淡褐色。

1	2
3	4

 用眼线笔先描画出眼形。

 容易晕妆的眼角部位（眼睛的1/3处）用防水眼线液再画一层。

 用小刷子蘸取和眼线笔相同的颜色，轻轻盖住眼线，这样除了可以提亮外，还可以防止晕妆。

 油脂多的人可以在下眼线薄薄涂抹一层眼影，防止晕妆。

7 种眼线画法大揭秘

★ 基本眼线

● ①稍微留出眼角部分不画,下眼线部分用眼线笔以填补的方式画出。
　②用褐色眼影打出阴影就会显得眼睛大而有神。

★ 干净、利落的眼线

● ①根据眼形用填满睫毛间隙的方式画出细细的眼线。
　②睁开眼睛,从眼角水平方向拉长,可以表现出明亮而轻快的形象。

★ 性感猫眼线

● ①眼尾像猫一样向上画。双眼皮的人画到与双眼皮同高即可。
　②想拥有更加强烈感觉的双眸,眼尾向外拉长一点,与下眼线连接呈三角形,再用眼线笔填满。

⭐ 强调下眼线

 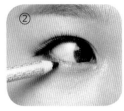 

● ①只强调下眼线的话，可以演绎出与平时不同的气质。首先把下眼线一直画到眼尾。如果眼尾往上翘，眼尾要画得厚一些。

②把眼尾部分画出长长的三角形。

③画完下眼线后，用深色眼影再画一层，起到扩张的作用，这样能使眼神变得更加深邃。

⭐ 强调眼尾

● ①强调眼尾除了可以修饰双眼，还可以增添精明的印象。首先根据眼形画出眼线，然后用眼影强调眼尾，这样能表现出隐约的眼神。

②拉长眼尾，连接到下眼线，填补空隙处，表现出利落感。

③分开描画上眼线和下眼线，在空白处涂抹眼影，表现出独特的韵味。

Pay Attention

眼线的颜色也是非常重要的，万无一失不会出错的颜色是深褐色、铁灰色和黑色，这三种颜色很适合东方人的皮肤特点；鲜艳的色彩如橘红色、红色及金色系，要与眼部的彩妆和衣服来搭配，否则就会浮夸而不协调。

★ 改善单眼皮的眼线

●①单眼皮使眼睛看起来比较小，所以需要用眼线来修饰。根据眼形画好眼线，在眼尾处涂抹褐色眼影。
②涂抹眼影后，再次画上下眼线，这样可以增加眼睛的明亮度。
③眼影和眼线的幅度更加宽一些，放大双眼。

★ 改善下垂眼的眼线

●①下垂眼睛的主要画法是把眼尾微微上翘，眼睛下边用棕色眼影代替眼线。

②为了完全盖住下垂的眼尾，眼睛下面的眼线画到眼睛高处，和眼睛保持水平，然后填满眼尾的空白处，如果感觉眼线笔不好画，可以用眼影代替。

眼影

化裸妆时，不宜选用夸张的颜色，大地色系很适合亚洲人的皮肤，是最不易出错的颜色，也是可以随意搭配服饰的"百搭"色。可以先用淡咖啡色的眼影分层次打出眼部的立体感，再用米白色提亮眉骨和眼头。

眼影颜色决定化妆色调

眼影要均匀地涂抹在眼窝处才会显得自然，因此用量一定不要过多。涂抹眼影前先涂抹基础底色，然后在瞳孔部位（眼中央最突出的部位）涂抹亮色。除此之外，眼影的颜色一定要慎重选择，特别是单眼皮的人，如果选择了不适合的颜色，眼睛会看起来肿肿的。

眼影颜色	适用时机
珊瑚色、杏色和深褐色	可以掩饰水肿的眼睛
杏色和黄色混合	呈现华丽的性感眼妆
添加亮粉的紫色和褐色	混合使用可以突显沉稳的气质

How To

1 2
3 4

 闭上眼睛，从眼球的部位向眼尾涂抹深色眼影。

 眼皮中间的眼球部位涂抹比基础眼影亮一点的颜色，这样可以使眼妆更加华丽。

 用比基础颜色暗一点的颜色顺着眼形画眼影。

 从眼角向眼尾方向涂抹眼影，使层次更加自然，但是要避免亮色和暗色出现分界线。

嫁接睫毛

如果说眼睛是心灵之窗，那么睫毛就是窗户上的窗帘。以前很多人忽视了睫毛的重要性，但随着大家对化妆的意识和技巧的提高，睫毛成为彩妆中不可缺少的一部分。据数字统计，如果让一个女性只选择一个部分进行修饰的话，选择睫毛的人数逐渐超过了一直居于首位的选择粉底的人数，可见睫毛的分量如此之大。

假睫毛粘贴的方法

贴法就是距内眼角 1/4 处沿着睫毛根部贴，要等睫毛胶稍稍干一点的时候贴会比较牢固。不同的假睫毛可以贴出不同的效果。我们从市面上买回来的睫毛都是可以修剪的，根据自己的喜好修剪长短，喜欢浓密的还可以两副粘在一起贴。

下睫毛也可以自己修剪，因为国内下睫毛的款式比较少，我们可以根据自己的眼形来修剪自己喜欢的下睫毛。多数情况下建议大家下睫毛要一根一根贴，这样比较自然，但是不要忘记给上、下睫毛刷上睫毛膏以后再来贴假睫毛。

嫁接睫毛的特点

嫁接后的睫毛除了手感稍硬外基本上与真睫毛相差不多，很多女孩们担心的是可不可以化妆，其实是可以的。

常见问题及防范方法

1. 避免揉眼睛，通常一揉就掉，若是揉了也不会掉，那店家所使用的黏胶应该很可怕吧……

2. 趴睡与侧睡也要注意，道理跟揉眼睛一样，习惯侧睡的人，接完睫毛后每天醒来都会掉几根，后来尽量改变睡姿就不太会掉了。

3. 习惯用莲蓬头洗脸的人可以换成多段式洒水调节的莲蓬头，洗脸时改用雾状喷洒的模式，降低对睫毛的冲击力，而且对肌肤也很好。

4. 不可使用含油卸妆品。

5. 避免高温与潮湿，像是 40 度以上的泡汤、汗蒸。好好保护可以维持 40 天以上，睫毛的生长周期是 60 天，因此不建议停留超过 60 天。

还能化妆吗

1 在嫁接完的睫毛上画眼线时先用一只手提拉眼皮，另一只手按照内眼角的方向，把上眼线分成两段，并贴近被嫁接的睫毛根部描画，中央的部分比较粗一点，这样会有增大眼球的效果，会让眼睛看起来更大、更迷人。

2 很多女孩嫁接睫毛后不敢画眼线，那是因为你的假睫毛嫁接在你自身睫毛的根部，这样是不正确的嫁接方式，正规的美睫师她们用一根假睫毛嫁接在自身睫毛的 2/3 处，必须离开真睫毛根部 1.5~2 毫米。 或者你的一根睫毛上面嫁接了好几根假睫毛，睫毛本身是比较柔软的，没有办法承载太多重量，加上你嫁接的睫毛是很粗、很硬或不自然，这样才会导致洗脸不舒服，眨眼难受，导致女孩们不敢嫁接假睫毛，就算嫁接了也不敢画眼线。

因为有些美睫师考虑成本，退而求其次选择质量不过关的睫毛以及一些黑胶，劣质的黑胶通常有强烈的刺鼻味，贴近眼睛会产生刺激感。好的嫁接睫毛摸起来是柔软且有弹性的，接完不会硬邦邦，像自己的睫毛一样自然， 这样画眼影和外眼线都没问题（至于内眼线则是不需要画，因为接完睫毛的眼睛看起来就已经是画完内眼线的效果），注意卸妆产品不可含油，使用化妆棉按压，避免碰触到睫毛。如果要刷睫毛，请使用专用睫毛膏（但我觉得没必要，因为在嫁接的时候就选好了适合自己的型号）。

3 嫁接过睫毛的眼睛当然也可以粘贴假睫毛。

4 戴眼镜也可以嫁接睫毛，只要长度不要太长就不会打到镜片。

爱美的女孩们只要方法正确，以后也不用担心嫁接睫毛不能化妆的问题。

腮红

适当用点粉色系的腮红可以营造"好气色"，膏状、液状或慕斯状的腮红是首选，可以在粉底前涂抹，这样经过粉底遮盖后，会自然地透出来，更加的自然迷人。腮红画法巧记：菱形脸只需正面打圈。目字脸横向刷扫。其他脸型打钩刷扫即可。

不同种类腮红的使用方法

★ 蜜粉型腮红适合初学者

最简单的蜜粉型腮红适用于初学者。颜色多样，持久力好，能呈现出粉嫩的妆感。用刷子蘸上蜜粉，先在手背上刷一下再轻扫于脸上，可以减少失败率。这种产品的分子很细，多种颜色混合在一起使用可以呈现出很自然的颜色。

★ 霜状腮红呈现出自然色泽

霜状腮红可以展现出自然水嫩的感觉，但是也会突显肌肤的瑕疵，因此如果斑点很多或者肌肤状态不好，一定要谨慎使用这类腮红。除此之外，霜状腮红在色彩调配上，对于初学者来说比较困难，一般的使用方法是用海绵蘸取腮红，轻轻擦拭在苹果肌的位置。

★ 口红型腮红，操作难度较高

口红型腮红在使用上很方便，不容易花掉，颜色也很自然，但是操作难度较高。使用时要用中指或示指，通过手的温度可以使颜色更自然，但是一次不能涂得太多，要反复慢慢地擦，这样才能使颜色更加自然。

选择腮红时需注意

一般购买腮红时会在手背上确认颜色。腮红是画完底妆才会用到的产品，所以需要先在手背涂抹粉底液之后再擦腮红，这样才能选出最准的颜色，否则颜色不对，会使毛孔看上去更明显。

画出完美腮红的两大秘诀

腮红不能画得太重，曾经流行的像红苹果一样的腮红，现在已经彻底被抛弃了。现在流行的是画出有层次感的腮红。肌肤泛红的人适合偏紫色的粉色腮红；肤色暗沉的人适合桃红色或橙色系的腮红。

★ 根据皮肤的类型选择腮红

霜状的腮红虽然使皮肤看起来很水嫩，但是对于初学者来说，要画得自然是有一点困难的。而且霜状腮红的遮瑕力也一般，所以皮肤状态不好的人最好还是避免使用。而粉状的腮红只要用刷子轻轻扫上就可以了，失败的概率低，对任何皮肤都适用。

★ 不同的脸型，腮红的画法也不一样

画腮红时要从苹果肌位置开始，向耳朵方向刷，画的时候不要一次填满颜色，而是要轻轻刷2～3次，而且要保证左右两侧的脸颊对称。

如果不小心画得太浓，可以用蜜粉压一下，画完之后要避免分界线太明显，所以还要用手微微推一下。通常是在眼睛的正下方画腮红，以笑的时候会突出的位置为中心，画上圆形腮红。

通常从苹果肌的中间位置，像耳朵方向刷腮红能呈现出脸部的立体轮廓。除此之外，还有很多种腮红的画法和大家分享。

● 在眼睛正下方，也就是鼻头上方的位置，以笑的时候突出的部位为中心，画出可爱的圆形腮红。

● 脸颊长的人向外侧画出长形腮红。脸长或者脸颊没有肉的人用含有珠光成分的腮红。因为膨胀的效果可以修饰长脸。

● 从苹果区的中间开始，向耳朵上刷腮红，这种方式会使脸颊显得立体，上镜效果非常好。

眉毛

眉毛现在成了我们当下女孩子的热门话题，很多人都会问我到底适合化平一点呢还是高一点的等，大家一起和我来了解眉毛的秘密吧。

眉毛匹配头发和瞳孔的颜色

头发染色，眉毛却没有什么变化，看起来是不是有点奇怪。如果眉毛颜色和头发颜色差距太大，会给人很不自然的感觉。所以两部分的颜色要尽量保持一致，这样就能呈现出干练的气质。

⭐ 眉毛染色要找专业门店

眉毛与眼睛相近，也近乎贴近肌肤，所以染色时一不小心，很容易伤到肌肤。所以最好找专业门店染色。如果要自己染色，一定要确定所购买的染色膏可以卸掉，并且在染色之前一定要做肌肤测试。在选择颜色的时候，建议选择与头发一样的颜色，卡其色和浅棕色是最不会出错的颜色。

根据脸型改变眉形

⭐ 圆脸：适合粗眉毛

圆脸搭配细眉会使脸看起来更圆，所以要把眉毛画得粗一些。眉尾要比眉头高一些，弯度不大的拱形眉毛会显得脸长。

⭐ 长脸：适合一字眉

长脸如果没有重点会给人留下很平淡的印象，而且看起来比较老气。一字形眉毛可以弥补长脸的缺点，还会有童颜效果。眉头和结尾画得深一些，这样看起来会比较年轻。

⭐ 国字脸：适合自然的拱形眉

有棱角的国字脸最适合拱形眉或柳叶眉，这种比较弯的眉形可以使脸部看起来更加柔和。眉毛整体要画得饱满一些，千万不要画没有弯度的一字眉，因为一字眉会使四角下巴显得更加突出。

⭐ 倒三角脸：适合曲线眉

尖尖的倒三角形脸更适合画得稍微厚一些的弯眉。用柔和的曲线强调脸部平衡感，也可以分散聚集在下巴处的注意力，只要从眉头开始画出自然弯度即可。

Cosmetic **benefit 修眉刷**

每天用这款伸缩自如的修眉刷打理你的眉毛，让它们始终保持一流造型。

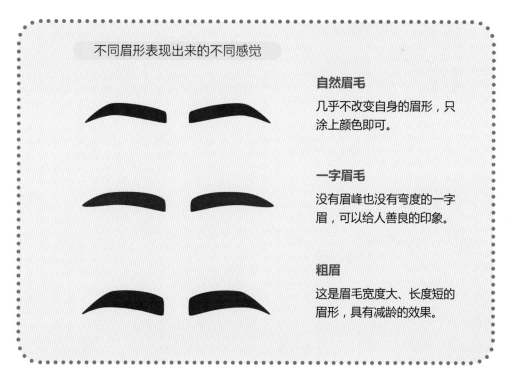

不同眉形表现出来的不同感觉

自然眉毛
几乎不改变自身的眉形，只涂上颜色即可。

一字眉毛
没有眉峰也没有弯度的一字眉，可以给人善良的印象。

粗眉
这是眉毛宽度大、长度短的眉形，具有减龄的效果。

不同脸型适合的眉形

鸡蛋脸

无须改变自身眉形，只画上颜色即可。

倒三角形脸型

画出柔和的弯眉，可以避免视线集中在下巴处。这种脸型一定不能画一字眉，否则会有反效果。

长脸形

平平的一字眉毛会显得脸短。这种脸型的人不适合画出眉峰。

圆形脸

圆脸适合稍微画出眉峰，但是如果画得太弯或画成一字眉，就会使脸看起来更圆。

国字脸

拱形或者柳叶眉使脸部线条更加温柔。没有弯度的眉毛或一字眉会使下巴的棱角更明显。

唇彩

选对颜色和工具，画出完美唇妆

口红是整体妆容的最后阶段，因此要特别注意颜色的选择。皮肤白皙的人适合涂抹粉色唇彩；肤色暗沉的人适合红色、裸色或者褐色系列的产品来表现出高贵的感觉。

★ 不同的道具表现不同的质感

使用不同的化妆工具能够使唇彩呈现出不同的质感。用手指轻轻点涂唇彩可以表现出自然之感；用海绵唇刷从两侧向内刷，吸收油分，增添亚光质感。除此之外，如果想要使嘴唇看起来水嫩光泽，可以用唇刷涂抹唇彩。

★ 尽量不要画唇线

画出的唇线与自身唇线相吻合或者稍大一圈会显老。如果一定要画，也要画在唇部的内侧。其实画唇妆时，只要自然地涂抹口红就可以了。用唇刷蘸取唇彩，涂抹在唇部内侧，再慢慢向外画，这样就会表现出唇妆的层次感。

★ 将不同的颜色混合在一起，创造新颜色

口红的颜色往往一段时间后就不流行了，为了避免浪费，可以将不同颜色的口红混合在一起，这样可以创造出新的颜色，说不定会找到更适合自己肤色的颜色。如果唇膏颜色太深，可以先将嘴唇充分保湿，擦上 BB 霜后再画唇彩。

根据肤色选择颜色

画了一个完美的妆容，但是如果选错口红的颜色，整体妆容就会前功尽弃。因为错误的口红颜色会显得肤色暗淡，甚至看起来很俗气。相反，选择了适合肤色的颜色，会提升整体妆容的质感。

 **白皙肌肤——亮丽的粉色**

肌肤白皙的人对口红的颜色有多重选择，无论是什么颜色都很适合。如果肤色透亮，选择亮丽的粉色系列口红会更显年轻。

 **黄色皮肤——黄色或粉色**

黄色皮肤的人最好不要涂抹含有珠光成分的口红，选择橙色或者裸色会比较安全。也要避免选择会显得俗气的红色系列。

 红润皮肤——除红色以外的任何色系

肌肤红润的人不适合涂抹红色系的口红，否则会使脸看起来红彤彤的，反而失去了原有的气色。可以选择橙色或裸色。

Cosmetic

benefit 恰恰胭脂水

规格：12.5ml
这款胭脂水家族的全新成员，拥有杧果调色泽，可以为双唇和脸颊染上热带阳光的调调。持久不脱色。

Cosmetic

benefit 玫瑰胭脂水

规格：12.5ml
我们经典的唇颊两用玫瑰着色剂，轻薄透明、自然通透，赋予肌肤超乎想象的性感。

暗沉皮肤——裸色系

皮肤暗沉的人可以选择比肤色亮一个色调的颜色，比如驼色系或裸色系，含有珠光成分的唇膏可以提亮肤色。桃红色或者橙色是强烈的颜色，要尽量避免使用。

⭐ **偏黑皮肤——粉红或橙色**

肌肤偏黑的人选择粉红色或者橙色可以使脸部看起来更加活泼而有朝气。

Cosmetic
benefit 花漾胭脂水

规格：12.5ml
全新液体凝胶配方，均匀涂抹在任何肤色的肌肤上，都能带来如刚采摘下来般的新鲜粉嫩，并且它能持久数小时不褪色。

How To

1 2
3 4

 在嘴唇上涂抹粉底液，轻轻拍打使其吸收，这样能盖住原本的纯色。

 用唇刷从嘴唇内侧慢慢向外涂抹唇彩。

 再次涂上适合自己的唇彩，但是要多次涂抹，唇部中间要重点来回多涂几次。

 最后涂上透明唇膏，稍微超过唇线边缘。

包包里必备的
香氛露

Cosmetic
benefit 万人迷萨莎香氛露

规格：30.0ml
Sasha的画廊是艺术与欢乐的殿堂，诱人花香演绎Sasha的大胆与摩登。她是天生的女神！舞台的焦点！

Cosmetic
benefit 倾心贝拉香氛露

规格：30.0ml
混杂着甜蜜与浪漫、性感与激情，Bella就是这股诱人气息的源泉。

Cosmetic
benefit 美丽园伊娃香氛露

规格：30.0ml
柑橘花香调——清新个性。

Cosmetic
benefit 欢笑精灵香氛露

规格：30.0ml
木质花香调——这款融合了柑橘、茉莉及百合花的轻盈香氛，拥有极度自然的轻柔芳香，表达经典女性格调。

Cosmetic
benefit 风情诺艾尔香氛露

规格：30.0ml
充满异域风情的木质花香调。

Cosmetic
benefit 超越诱惑香氛露

规格：30.0ml
木质东方调——是由粉色胡椒、野生覆盆子及广藿香共同调制的风流诱惑事件，散发出魅惑撩人的香味。

小贴士

将香水喷于手腕、耳后等身体部位。

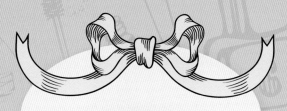

第四章
你最需要的
魅力魔幻妆

I like long romantic walks down the makeup aisle.

光感
魅惑古铜

　　相信长久以来，对于肤色大家说得最多的就是一白遮三丑，白皙的肌肤是广大女性心中的最爱、但是到了热情的夏季，一种像做完日光浴的天然肤色也渐渐成为我们推崇的对象，在T台、杂志上都能见到它的身影。与平常的白皙肤色不同，它是健康自然的，散发着阳光与小麦的气息，充满了热情火辣和异域风情。特别是度假时，在海水和日光的配合下，闪着诱人的光泽，真是炫美火辣至极！

底妆

　　首先 MM 们注意了，在底妆颜色选择上，肤色较深或小麦色的 MM，直接选用和自身肤色一样的粉底就可以了。白皙肌肤的 MM，可选择比自己深 1~2 号的粉底。

眼影

　　传统的眼部化妆会将较深的颜色放在眼尾位置，令眼部的线条更加鲜明突出。但是，在这款古铜妆容中，可以使用明亮的金色眼影，由贴近鼻梁处向眼头扫开，然后在眼尾部分就用金棕色眼影轻扫，如此可增强双眼的立体感，感觉亦更加年轻，更能突显眼部的神采。肌肤黝黑的人，建议搭配清淡的粉金色眼影，而白皙肤色的人，则可选用沙金色或金棕色，让眼窝更深邃。

眼线

　　用眼线液画出上眼线，在离眼尾约 1/5 处眼线就平缓地往上画，眼线的长度一般在外眼睑处就可以了，当然可能根据场合适当地延长或缩短，下眼线用眼影代替不仅可以突显轮廓，还能让眼睛更深邃，没有距离感。

睫毛

使用 MAC 睫毛夹从睫毛根部、中部、末端三个点用力把睫毛夹翘，这样从侧面睫毛多呈现好看的弧度，而不是 90 度直角。然后我们用睫毛打底膏做左右往上的动作把睫毛刷得根根分明，它能使睫毛持久卷翘，等略干的时候，用睫毛膏再刷一遍。为了让妆容更加魅惑，我们使用局部睫毛，粘贴在眼尾。

眉毛

因为整个肤色呈现小麦色，所以眉毛的处理上，我们一定不能够颜色太深或轮廓太粗，否则会感觉很 MAN 了。长脸型的 MM，我们可以采用平眉，用眉粉自然平缓地扫过眉毛。除了能修饰我们脸型外，也可以让自己魅惑里多了一丝纯情。除了眉眼间距过窄的 MM，其他脸型的 MM 也可以尝试平眉。抛开其他因素，在此妆容表现上，我们就让眉毛呈现柔和的弧度就好。不过眉毛不能过粗哦！

腮红

尽量不要使用偏粉红的颜色，而用带珠光的橘色系腮红轻扫双颊。如果你想追求效果感，不妨横画过鼻梁，创造微微的晒伤妆风格，展露出健康的好气色。

修容

我们可以用魅可柔光矿质修容饼，它奢华的天鹅绒质感能为您带来金属感的精致妆容。我们可以在颧骨下陷轻轻按压或用大号粉刷轻轻往嘴角方向刷扫，即可为双颊点亮高光。

唇妆

我们可以用魅可专业护唇膏打底，它能够修护双唇锁住水分。然后用裸色、肉粉色或珊瑚色的唇膏填满唇部，最后用透明唇蜜在唇部轻拍些即可，这样就能很好地展现裸唇的效果。最后为了有精致的轮廓线，我们可以用提亮笔或粉底沿嘴角边缘，还有唇峰勾勒一下就好，这样精致的唇妆就彻底完成了

Cosmetic
benefit 坏女孩深紫色睫毛液

规格：8.5 g
丰厚、奢侈深紫色睫毛膏，在显著拉长睫毛的同时，更能加深你的自然眼色。它拥有与 Badgal lash 坏女孩睫毛液一模一样的配方，宽大的睫毛刷更好打造超大、坏透的睫毛。

详细化妆步骤演示

1 > 用指腹蘸取适量的眼部妆前打底产品，均匀地轻轻拍打在整个眼部。可以让之后的眼妆更加服帖。

2 > 用眼影刷蘸取适量的浅金色眼影（金属感的大地色均可），由眼睛中部向四周均匀地晕开。

3 > 在眼尾部分就用深金棕色眼影轻扫，如此可增强双眼的立体感，感觉亦更加年轻，更能突显眼部的神彩。

4 > 用小号的眼影刷蘸取深金棕色眼影在眼睛后下方1/3处晕染开和上眼影均匀地衔接。

Pay Attention

眼角下垂、三角眼或者是双眼距离过近的美女可以巧用眼影粉弥补眼形缺陷。先把眼影粉均匀地涂抹在外眼角的位置，然后是在外眼角的三角位置相应地涂上一些眼影，这样才不会呈现出不自然的效果。

5 > 用小号的眼影刷蘸取深棕色眼影，在上下眼尾1/3贴近睫毛根部的地方放斜上方晕染，加强魅惑感。

6 > 用眼线液画出上眼线，在离眼尾约1/5处眼线就平缓地往上画， 眼线的长度一般在外眼睑处就可以了，当然可以根据场合适当地延长或缩短，下眼线用眼影代替不仅可以突显轮廓，还能让眼睛更深邃，没有距离感。

7 > 使用睫毛夹从睫毛根部、中部、末端三个点用力把睫毛夹翘，这样从侧面睫毛多呈现好看的弧度，而不是90度直角。

8 > 我们可以选取眼尾加长型的假睫毛沿睫毛根部粘贴（我们可以先把睫毛放在眼睛中部，再粘贴两端）。然后我们用睫毛打底膏做左右往上的动作把睫毛刷得根根分明，它能使睫毛持久卷翘，更好地和假睫毛融合在一起，等略干的时候，在用睫毛膏再刷一遍。

9 > 为了让妆容更加魅惑，我们使用局部睫毛，一根一根的粘贴在下眼尾。最后刷上睫毛膏，让下眼的真假睫毛融合在一起，更加自然逼真 。

10 > 因为整个肤色呈现小麦色，所以眉毛的处理上，我们一定不能够颜色太深或轮廓太粗，否则会感觉很MAN了。眉毛正常或浓密的MM，我们只需用棕色染眉膏把眉头往上梳理，眉腰及眉尾自然往后下方梳理，利用染眉膏的黏性把以往杂乱无章的眉毛都集中在一起了。

11 > 可以用专业护唇膏打底，它能够修护双唇锁住水分。然后用裸色、肉粉色或珊瑚色的唇膏填满唇部。

12 > 最后用透明唇蜜在唇部轻拍些即可，这样就能很好地展现裸唇的效果。

13 > 将金色或金棕色珠光散粉用大号散粉刷由额头沿着发边扫至面颊。之后在鼻梁处加上淡金黄色的碎粉，既可造出健康的古铜肤色，就连面形都变得清秀突出。

14 > 尽量不要使用偏粉红的颜色，而用带珠光的橘色系腮红轻扫双颊。如果你想追求效果感，不妨横画过鼻梁，创造微微的晒伤妆风格，展露出健康的好气色。

15 > 我们可以用柔光系的矿质修容饼，它奢华的天鹅绒质感能为您带来金属感的精致妆容。我们可以在颧骨下陷轻轻按压或用大号粉刷轻轻往嘴角方向刷扫，即可为双颊点亮高光。

Tips

在底妆颜色选择上需要注意。肤色较深或小麦色的MM，直接选用和自身肤色一样的粉底就可以了。白皙肌肤的MM，可选择比自己深1~2号的粉底。

发型搭配推荐

对于魅惑古铜来说，发型上我们就大胆地玩色了，像艳丽的红色都不失为造型上的点睛之笔。浪漫的卷发能让自己有种狂野的性感。对于马尾来说，除了工作上合适，让自己更洒脱干练、有精神外，哪怕立马下班去 PARTY 都不会有丝毫逊色。当然俏丽的短发，也能让 MM 俏丽活泼。

1 > 我们可以从耳朵斜上方 45° 把头发分成两束。

2 > 用梳子把上方的发束梳顺后，用皮筋扎紧。接着把下方的发束梳顺，与上方发束合拢用皮筋扎紧。

3 > 从马尾里分出一缕发丝沿马尾根部绕紧遮挡住皮筋，下卡子固定。

4 > 用梳子把马尾梳顺，同时可以为发丝做亮泽精油护理，增加光泽感。可以用发胶或发蜡棒把两侧碎发收干净。

服饰速配法则

黑色的富有设计感的 A 字裙很好的彰显了全身的曲线，与古铜色的妆容搭配更显整个人精神抖擞。穿着设计感强烈、高饱和度色彩的服装，搭配夸装、有设计感的金属饰品，一定会让你脱颖而出。

帅气
军装诱惑

在时尚界，花无百日红，潮流的转换速度令人瞠目结舌，娃娃脸、森女范、复古风等没多久就平息了。取而代之的正是那些气质叛逆、感觉中性、个性鲜明的模特正在迅速走红！她们成为顶级大牌们争相宠爱的对象！这些让女人们都为之迷恋的面孔，谁不想拥有？

军装风正是在今季的中性妆容的最 IN 选择，不是绝对的硬朗和酷感。也不是一味地朝着男性风格去打扮，而只是有心机地采用一部分男性化的元素，是在表现女性与生俱来的柔美感的同时展露出女人英气的一面。

底妆

首先，在底妆颜色选择上直接选用和自身肤色一样的粉底就可以了。对于肤色较白的MM可以选择比自己深一号的粉底，这样会让自己更硬气一些。

眼影

大地色是塑造中性妆容的首选，由于饱和度高的特点使它具有"放之四海而皆准"的优点，能突出健康、冷酷的硬朗感觉。金黄色：黄色是极其适合亚洲人肤色的颜色，会使黄色肌肤看上去更明艳光泽，适合用来提亮，可以塑造出极其自然的立体感。

眼线

如果你是个眼线的偏执狂，就一定要注意眼线的画法。中性妆容最不适合"法式眼线"——眼尾上挑的眼线。以眉毛为重点的 MM，眼线我们就选择深棕色的眼线，自然地、淡淡地修饰下眼形就好。以眼妆为重点的 MM，可以采用上下全包式眼线，再用小刷略微晕染一下，和眼影结合。

睫毛

用睫毛夹从睫毛根部、中部、末端三个点用力把睫毛夹翘，这样从侧面睫毛多呈现好看的弧度，而不是 90 度直角。此款妆容，我们睫毛一定要根根分明哦！

眉毛

中性妆容中，眉形和眉色是提升妆效的关键。大方的中性妆需要修饰自然、看上去"粗"一点的帅气眉形。

以咖啡色配铁灰色将眉毛不足部分填满，平直或稍稍上扬的眉形给人更灵动的感觉。如果眉毛稀疏，可用棕色的眉膏一根根地刷在眉毛上。如果眉毛浓重，就用无色的眉毛定型液来为眉毛梳理定型，更可增加眉毛的光泽感。

腮红

为了打造你梦想中的中性装扮，低调的棕色系腮红可是为你整体妆容加分的关键，甜美的粉红色不适用于中性妆容，可以暂放一边。

修容

我们可以用魅可柔光矿质修容饼，在颧骨下陷处轻轻按压或用大号粉刷轻轻往嘴角方向刷扫。然后用高光修容，在眼周、T 区和下巴上做提亮，这样一个立体的雾面妆容就完成啦。

唇妆

唇妆不能打造得太甜美，不然整个妆容便毁于一旦，低调哑色的双唇可以配合你的妆面，水莹透亮的唇彩不必使用。

Tips

对于骨骼硬朗的MM，虽然中性感觉是为你量身打造的，但女人味也不可失。在眼妆上我们一定要清透干净，眼影可以选择香槟色、浅卡其色等。把眉毛略微弱化，让我们眉色尽量柔和。由于我们有先天的轮廓优势，所以我们只需用修容把我们的这个特点强化一下，帅气的妆容就诠释好了。

1 > 在上粉底前，先用粉底刷涂一层保湿面霜让皮肤湿润起来，让底妆更贴合脸部，接着我们在上一款能隐藏毛孔的产品，能让妆面更干净。

2 > 我们可以根据脖子的颜色选择粉底颜色；用粉底刷以画圆圈的方式顺时针均匀地涂于面部。

Cosmetic
benefit 唯我独润遮瑕棒

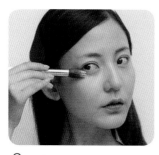

3 > 由于眼部周围肌肉活动频繁，过多地用粉底遮盖容易出现卡粉，也会让眼部细纹更加明显，所以我们利用粉底刷上的余粉沿眼部纹路向太阳穴的方向轻轻刷匀即可。

4 > 打完基本底后用略浅于基底色的粉底或提亮笔提亮，在眼周、额头T区和下巴上，体现出柔和的立体感即可。

规格：3.5g
fackup伪我独润遮瑕棒，潜藏双层保湿伪装术：保湿外环蕴含维生素E和苹果籽萃取，速效滋润、长效保湿，并减少肌肤受到自由基的伤害；内层遮瑕核"芯"强力遮盖黑眼圈、抚平细纹并折射柔和光彩，使脸部瑕疵通通消失。

Pay Attention

如果本身皮肤比较好，就不需要在脸上的每个部位都涂上粉，你只要在脸色比较暗沉的地方和有斑点的地方涂一些就可以了，"均匀地涂抹粉底"，你要理解成"并不是把粉底薄厚均匀地涂在整个脸部，而是在需要遮盖的地方涂得厚一点，不需要的地方薄薄的一笔带过"就可以了。

5 > 用刷子上余留的浅色粉底在嘴角周围也稍作提亮，能让嘴角有自然上翘的感觉。

6 > 对于有些唇形不明显的MM，我们可以用遮瑕膏轻轻的沿唇边勾勒即可获得动人的唇形。

7 > 最后蘸取适量眼部遮瑕产品，少量轻柔地遮盖眼部瑕疵。

8 > 底妆完成后，用哑光的蜜粉或者透明蜜粉来进行定妆，由额头沿着发边扫至面颊，建议粉扑或用一把柔软的大刷子来上蜜粉，用量可以控制到最少，效果也会比较自然。

9 > 用粉扑蘸取适量浅色高光粉饼，在正面三角区域做提亮，让苹果肌更加饱满。

10 > 同样用粉扑蘸取适量浅色高光粉饼，在下巴处做提亮，能从视觉上拉长下巴。

Tips

腮红的搭配主要根据你想给人呈现的气质来选，橘金色或珊瑚色腮红可以让肌肤看起来更加健康、闪亮。当然，我们也可以根据自己肤色来选择颜色，肤色偏浅的MM较适宜选肉橘色或砖红色腮红，肤色深些的选金棕色或者米棕色。

11 > 用眼影刷蘸取适量大地色系的眼影，从下往上横扫，"横扫"是中性妆容中眼影着色的特点，让整个眼睑着色均匀，看起来能令眼妆更硬朗。

12 > 用小的眼影刷蘸取适量同色眼影在下眼尾1/3处淡淡的晕染即可。

13 > 中性妆容最不适合"法式眼线"——眼尾上挑的眼线。眼尾上挑，有些拘泥于传统，无法凸显那种特立独行的性感。所以，只要让眼线起到矫正眼形的作用即可。

14 > 使用睫毛夹从睫毛根部、中部、末端三个点用力把睫毛夹翘，这样从侧面睫毛多呈现好看的弧度，而不是90度直角。

15 > 然后我们用睫毛打底膏做左右往上的动作把睫毛刷得根根分明，它能使睫毛持久卷翘（还可以用镊子把睫毛夹合成一簇一簇的，可以让眼妆显得更加简洁干练）。

16 > 等略干的时候，用睫毛膏再刷一遍。此款妆容，我们睫毛一定要根根分明哦！

Cosmetic
benefit 斜口眉镊

用必备眉镊做日常维护，然后对四处乱跑的小杂毛说再见。对齐的手工不锈钢斜口和尖端，可以牢牢抓取每根毛发，每次夹取都展现高水准的精准与平滑。

17 > 用眉梳沿眉毛的生长方向梳理眉毛。

18 > 以咖啡色配铁灰色将眉毛不足部分填满，平直或稍稍上扬的眉形给人更灵动的感觉。

19 > 如果眉毛稀疏，可用棕色的眉膏一根根地刷在眉毛上。如果眉毛浓重，就用无色的睫毛底膏来为眉毛梳理定型，更可增加眉毛的光泽感。

20 > 脸形圆润的MM，选择斜扫画法，脸蛋看起来较瘦长。选择砖红、深褐色腮红，刷在耳际到颊骨的位置，范围可略微向内延伸到颧骨的下方，会让脸形看起来更立体。长脸MM则横扫，更能在视觉上缩短你的脸部长度。

Tips

眉形也是眼妆的关键，修眉看似简单，事实上，因为眉毛稀疏、断层、左右不对称等问题存在，很难修好。所以在修眉之前一定要观察好自己的眉形，手上动作要慢，否则一旦失手，眉毛的生长速度是很慢的。

Cosmetic

benefit 热舞班巴蜜粉

21 > 我们先用专业护唇膏打底，它能够修护双唇锁住水分。

22 > 我们可以用柔光矿质修容饼，在颧宫下陷轻轻按压或用大号粉刷轻轻往嘴角方向刷扫。

规格：8.0g
讨人喜欢的粉红西瓜色蜜粉，瞬间提亮亚洲人偏黄的肌肤；拥有3D光感金色微粒，360度光线折射效果，甜美笑靥瞬间展现。

23 > 脸颊两侧过于大的MM，可以用修容刷上的余粉轻扫两侧即可。

24 > 先用底膏或粉底遮掩原本的唇色，以免显得过于红润，再用唇刷轻轻刷上虾肉色唇膏，稍显唇色即可，不用过于着力描绘樱唇。

发型搭配推荐

　　说到军装风,首先就会让大家想到直发,马尾这是经典造型。其他在处理这些发型时,我们可以做些小变化换来大改变。把马尾夹蓬松,让一成不变的马尾增加动感和时尚度。直发我们可以用造型产品营造些许湿润的感觉,让硬朗中多些性感。略微凌乱的束发让我们一举一动中有些随性。而短发对于不想过于硬朗的 MM 慎选,如果我们轮廓感没那么强的 MM,短发会让你有邻家女孩的活泼俏丽的感觉。

1 > 我们先把头顶上方区域的头发收拢,用鲨鱼夹固定。

2 > 用梳子沿鼻梁中间分出左右两个发片。

3 > 先把右发片梳理光滑并用卡子固定在脑后。

4 > 接着把左发片同样梳理光滑并用卡子固定在脑后。

5 > 把两个发片固定好后用梳子梳理光滑,把头顶收拢的头发放下即可。

服饰速配法则

　　在平时的生活里，只要不是工作状态中，在穿着上，大可以尝试很多不同的造型。每个人心中都有一个迷彩情节，女孩子也是。迷彩一直是一个很流行的时尚元素，长款的迷彩风衣，搭配 T 恤、短裤，简直是不能再酷了，美女们一定要尝试一下哦！

无辜萌眼
减龄妆

　　没有丑女孩儿，只有懒姑娘，当然，每个女孩儿都很美丽，都可以光鲜亮丽。但是一定要知道什么是最适合自己的。女孩儿你准备好了吗？想不想变身人见人爱的小萌妹？看着越来越多的"大眼睛"出现，你是不是也 hold 不住了呢？大眼睛是可以画出来的哦！如果你嫌自己的眼睛不够大、不够萌又不喜欢戴美瞳，那就通过化妆让你变成大眼睛吧！

　　无论是逛街、约会还是参加派对，一个大眼妆，足以让你魅力四射，人气倍增！下面就让我们来学习这款无辜萌眼减龄妆的化妆技巧，尽情放电吧！

底妆

　　我们一定要选择适合自己肤色的粉底颜色，如果你并不很白就一定不要选择最白的粉底，要找到尽量迎合自己肤色的颜色。日常底妆最好是用自己的手指来取代粉底刷和海绵，因为手指是带有体温的，切记要轻轻按压抹匀而不是平抹，这样底妆会吸收，从而更贴皮肤。

Tips

妆前改善护理，消除唇部的干纹和暗沉肤色

把面膜纸用清水浸湿，再湿润的面膜纸上倒足量化妆水，将浸透的化妆水面膜充分展开，贴在脸上用手按紧实，敷面3~5分钟，拿掉面膜纸，用双手手掌轻轻压肌肤，促进吸收。最后再涂上好吸收的妆前乳液。

修容

　　修容，这一步非常的关键却又容易被忽略，修容可以使你的面容看起来更立体，从而在视觉上达到瘦脸的效果！淡黄色区域是高光的部分，棕色是暗影的部分。鼻梁不高或者圆鼻头，需要再在鼻侧两边画上棕色暗影。鼻子长得美美的女孩儿就可以省去这一步啦。

眼妆

　　1. 日常妆容的颜色大多用的都是大地色系，如果你的眼睛比较肿就选择偏冷的大地色系（也就是偏绿），千万不要用红色。

　　2. 画眼影一般都是从浅到深地画眼影，但是要记住我们的眼睛是一个半球体，要让它立体，所以最亮的颜色要点在瞳孔上方的上眼睑上。内眼角用最亮的眼影包裹住有裸妆的效果，再是中间色，最后是较深的颜色，让几个颜色在上眼睑上慢慢地过渡，特点是强调眼尾并且淡淡的与眉影连接。

　　3. 无辜萌眼妆的眼线稍微粗一点，眼尾画的眼线要长出眼睛的 1/4~1/3，下眼线用黑色画眼尾，往中间过渡至消失，棕色做内眼角与黑眼线的连接。切记内眼角不要画得太多，根据人的五官（三庭五眼）去调整内眼角，画太过也会有妆很浓的感觉。作为造型师我准备了很多不一样的眼线笔、眼线膏、眼线液，因为每个人的眼睛都不一样，根据不同的艺人不同的情况选择不同的产品，还是那句话，适合别人的不代表适合你自己，要在不断的实践中找到最适合自己的眼线。

Cosmetic
benefit 柠檬眼盖调色霜

规格：2.70g
柠檬质地柔软的黄色柠檬调色霜，令眼睑上的红印及不匀色素一去不回头。瞬间唤醒你的双眼，让它看上去充满活力，为尽情欢笑做好准备。

腮红

　　粉嫩的美人儿一定要懂得腮红的画法，如果想气色好一定少不了它，粉色系列、橘色系列，在脸上打一个淡淡的腮红，会让女孩儿变得生机勃勃，又有点儿羞答答的味道。无论是哪种妆容打造，腮红都很重要。充满调皮感的腮红，皮肤颜色深的女孩儿，可以使用颜色稍深的腮红，皮肤白皙的女孩儿，可以使用淡淡的珊瑚色腮红。眼睛的下方三角区，不低于鼻头处为腮红的起始点。长脸（横扫），圆脸（斜着向上），颧骨宽（靠外眼角或者颧骨下方打）为了不凸显颧骨，尽量避免扫在颧骨上。

眉毛

　　会呼吸的眉毛，女孩儿应该经常为不会画眉烦恼吧，眉毛部分，根据个人的喜欢选择眉粉或眉笔，眉毛的颜色要和自己头发的颜色是一个色系，尽量一致。根据自己的眉型、脸型来画，眉头要稍微淡一点，眉尾可以相对实一点，要有层次。

唇妆

　　唇部妆容，无辜萌眼减龄妆的唇部妆容基本以裸色系列为主，唇部也要打底，所以先用裸色的口红打底（如果没有裸色口红直接用粉底也可以），裸色系的粉唇透露出健康红润的气息，使用裸色系列的粉色唇膏勾勒出唇线填充满，让嘴唇看起来更有质感、更加细腻，然后添加鲜亮的唇彩点亮唇峰，让嘴唇看起来水润动人。当然你可以选择喜欢的淡颜色的口红，最后是唇彩。

详细化妆
步骤演示

 在脸部清洁后，使用清洁型的化妆水进行肌肤的二次清洁来去除毛孔内部的残留彩妆卸妆油等。

 拿3~4面化妆棉充分浸润棉片后，将化妆棉分别贴在额头两颊进行护理3~5分钟。

 在做脸部妆前保湿的时候，不要忘记滋润嘴唇，给嘴唇涂上唇膏，用腹指轻轻在唇部按摩，既可以帮助唇部皮肤吸收保养成分，也可以帮助去除唇部死皮。

 用带有珠光的高光粉底分别打在额头—苹果肌—鼻梁—下巴上。

5 > 用刷子以打圈的方式涂抹有高光粉底的部位。

6 > 用手指取适量的粉底液，然后轻轻地点到脸颊、额头、下巴、鼻子。

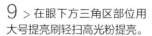

7 > 由额头正中央的位置向两侧均匀刷开粉底液，可以多刷几次，在靠近发髻的地方最好是用刷子一笔带过，这样不会导致粉底不均匀。

8 > 遮瑕膏用遮瑕笔以点状涂抹到需要的地方，在均匀地用手把他过渡开。

9 > 在眼下方三角区部位用大号提亮刷轻扫高光粉提亮。

10 > 用小号眼影刷蘸取浅咖啡色眼影，在上眼皮处轻扫一层。

11 > 将上眼睑分为三部分，将深咖啡色眼影涂抹在眼角和眼尾部分，增加阴影效果。

12 > 将稍浅一些的咖啡色眼影涂抹在上眼睑中部，起到提亮作用，使眼形更具立体感，弱化犀利感。

13 > 用小号眼影刷蘸取亮色眼影涂抹在上眼皮的眼窝处提亮，加强眼部立体感。

14 > 下眼睑周围也涂一些亮色眼影提亮，突出眼妆部分。

15 > 画眼线

无辜萌眼妆的眼线稍微粗一点,眼尾画的眼线要长出眼睛的1/4 ~1/3,下眼线用黑色画眼尾,往中间过度至消失,棕色做内眼角与黑眼线的连接。

16 > 夹睫毛

睫毛夹的形状与眼部的凹凸一致。轻轻闭上眼睛,将睫毛夹对准睫毛位置,夹住持续片刻就行了。

17 > 刷睫毛膏

水平式把握睫毛刷,以"Z"字形动作刷上睫毛膏。假如想要达到睫毛根根分明的效果,可以重复刷上一层,但要以垂直的方向,一根根地刷睫毛。

18 > 粘上假睫毛

贴法就是距内眼角 1/4 处沿着睫毛根部贴，要等睫毛胶稍稍干一点的时候贴会比较牢固。不同的假睫毛睫毛可以贴出不同的效果。我们从市面上买回来的睫毛都是可以修剪的，根据自己的喜好修剪长短，喜欢浓密的还可以两幅粘在一起贴。

19 > 粘下假睫毛

下睫毛也可以自己用假睫毛来修剪，因为国内下睫毛的款式比较少，我们可以根据自己的眼形来修剪自己喜欢的下睫毛。多数情况下建议大家下睫毛要一根一根贴，这样比较自然，但是不要忘记给上下睫毛刷上睫毛膏以后再来贴假睫毛。

20 > 粘完上下睫毛的眼睛侧面。

21 > 画眉毛

用眉笔对眉毛的轮廓进行初步的定型。尽量使用跟发色相近的眉笔进行勾勒。在眉毛位置画出上轮廓线和下轮廓线，接着用眉刷蘸取适量的与发色相近的眉粉，将其均匀地在眉毛上进行涂刷。最后用眉梳稍微梳理一下整体的眉毛。

22 > 打腮红

选择粉色或者蜜桃色腮红，在微笑时颧骨最高处向周边呈圆形向外侧涂抹。

23 > 修容

打在颧骨的位置和下颚角，以过渡的方式刷。

24 > 画唇

用唇刷蘸取唇膏，从嘴角开始涂下唇，边描画轮廓，边将颜色填满唇部内侧，嘴角至唇峰的线条要饱满。由嘴角向内再一次涂抹唇膏，容易脱色的唇部中央要重复涂抹，同时可以增加唇部立体感。

发型搭配推荐

　　无辜又可爱的萌眼妆当然要搭配相同气质的发型，简单的空气感马尾就是个不错的选择。自然的波浪卷不仅让整个发型的造型感更强还增添了一丝小女人的气息。马尾偏向一侧简直不能更可爱了。

 把头发拉到一侧，从右边开始往左编辫子。

 编到左侧用夹子固定编好的辫子。

 后面也用夹子固定。

 用电卷棒或直板夹把发梢做卷。

 用尖尾梳把后脑勺头顶头发挑蓬松。

 在右侧戴上一个珍珠蝴蝶结，简单带有空气感的发型完毕。

服饰速配法则

　　精致可爱的妆容和发型，当然要搭配美美的衣服才能更显懵懂可爱啦。千万别以为简约款式就演绎不了时尚，淡雅的色调是提升唯美气质的关键。暖暖的黄色小香风套装搭配白色的衬衫清爽而又充分地展现出了少女的纯洁与柔美气息。上衣可爱的蝴蝶结更是起到了画龙点睛的作用，让少女形象更加深入人心。

梦回
伊甸园

伊甸园女神——夏娃：自由不羁、浪漫、透明；在专业的造型角度而言,包含了很多种基调,比如说：吉普赛人的波希米亚风、清新可爱的田园风、烂漫婉约的简约风等, 这些都是在伊甸园当中所出现的风格种类,相信大家只要学会如何去装扮些风格的话,那你的这个夏天绝对是属于一个来自星星的夏天！

正自然、清新的田园风格造型,作为一种当下流行的趋势之一,受到越来越多女孩子的青睐。自然田园风格的妆容在妆色上可以用花、草的颜色,如粉色、淡蓝色、草绿色、天空蓝、藕荷色等来装扮,以及呈现完美的田园风格。

底妆

首先我们在上底妆之前要把脸部修复到一个很好的状态,要在一个湿润的状态下进行, 不然我们的底妆看上去就不会很清透、滋润；涂抹少许 BB 霜（娃娃质感的完美肌肤）,突显出田园风的纯净理念。妆色号是根据自己的肤色去选择, 像这样甜美的妆容我们可以选择比自己的肤色略浅一度的色号,首先涂于五点（额头、鼻梁、两颊、下巴）的位置,用美容指（示指和中指）顺时针的方向涂匀至全脸之后,再去在底妆的上面加上一层透明定妆粉（蜜粉）,尤其是在眼妆额头的位置,这样会让妆容持续性更好一些。

眼妆

⭐ 清新自然

用裸色眼影涂抹上眼皮,营造光泽感,将深棕色眼影描绘在睫毛根部；沿着睫毛根部描绘黑色眼线,注意线条要流畅。用睫毛夹夹卷自己的睫毛,涂上睫毛膏,烘托眼睛的神韵。

⭐ **温柔浪漫**

用淡粉色的眼影涂于眼窝处，呈圆弧形。在睫毛根处的上眼睑的位置描画流畅的眼线，下眼线用眼影晕染开，然后粘贴自然型假睫毛，（真假睫毛结合）使眼睛看起来更加深邃动人。

⭐ **俏皮可爱**

用棕色眼影涂于眼窝处，在眼影的边缘处加上一些珠光颗粒的金色，作为过渡边缘这样看起来眼影会更加柔和。在睫毛根处涂上眼线，睫毛根处用深棕色过渡眼线与眼影的自然衔接，然后在佩戴卷翘的自然型假睫毛，涂上睫毛膏，当然也要注重下睫毛的修饰，（真假睫毛结合）突出俏皮可爱的大眼睛。

眉妆

在化眉毛之前首先将眉毛的基本形状修剪出来。

田园风格的女孩一般适合清淡的略粗的

平眉，先用重色的眉笔在眉毛的底边勾勒出底线，根据哪缺补哪的方式去慢慢修补再用眉刷去均匀地涂开。最后用染眉膏增强眉毛的立体感。

腮红

腮红的修饰要和眼影、头发、服饰的颜色相融合。

也可以选择膏状的腮红，膏状的腮红更好的能还原我们本身肌肤的质感，更好地去诠释甜美可爱的皮肤质感，腮红打在微笑时苹果机微微向上的位置上，提升自己友好的亲和力和自己甜美的气色。

Tips

清新自然型可以选择嫩色；
温柔浪漫型可以选择橘色；
俏皮可爱型可以选择桃粉色。

唇妆

在整个妆容当中起到点睛之笔，选择唇色很重要，根据发色、腮红的颜色选择唇色。

涂唇色之前的首先要润唇，这样才会让唇整体饱满圆润。按照合理的比例下唇略厚于上唇，打造出嘟嘟嘴的感觉，更可以凸现出田园风格的甜美可爱。

详细化妆步骤演示

1 > 妆前乳均匀地涂在脸部之后，用专业的粉底刷开始打底，选用比本身肤色浅一度的粉底色号；先从脸颊处开始；以顺时针向上的方向；均匀涂抹。

2 > 当然大家不要忽略唇角、鼻翼两侧、眼角、眉毛边缘、与脖子之间的过渡衔接。

3 > 粉底很重要的一点就是均匀白皙，大家在打底的时候一定要注意与发际线之间的过渡；在打到发际线的位置时就用刷子残留的粉底轻薄的拍在发际线的位置就可以了。

4 > 打完底之后，选用透明色的定妆粉进行定妆，先从眼睛、脸颊、鼻翼两侧的顺序开始。

5 > 选用高光粉对鼻梁两颊额头、下巴、脸部三角区进行提亮，以达到提升面部立体感。

Cosmetic

benefit 超模粉红光影液

规格：13 ml
这款高光液就是广为人知的"瓶中超模"！绸缎般亮泽的高光液能够提亮颧骨和眉骨，让全脸肤色顿现光彩。

6 > 用黑色眼线液沿着上眼皮的边缘(也就是紧贴睫毛根部的位置)；勾勒出一条极细的眼线线条；眼线末端微微上翘。

7 > 用深咖啡色眉笔塑造出双眉的立体感；眉峰略高一点。

8 > 选用自然假睫毛，首先根据模特眼睛的长度去修剪假睫毛的长度；粘睫毛的时候我们需要注意几个点，紧贴睫毛根部，先粘睫毛中部，之后再全部粘贴; 粘上睫毛之后微微轻扶，以达到睫毛上翘的效果；使眼睛炯炯有神。

9 > 用软毛的眼影刷以眼部原弧度的位置，轻扫棕色眼影，着重后眼尾的位置;烘托整体色彩感 。

10 > 下眼影的1/3处用深咖啡色于后上眼尾轻柔过渡，可以让眼睛看起来更有立体感 。

11 > 用睫毛膏着色，这样既可以给睫毛加重颜色，还可以把真假睫毛结合在一起；还原真实感。

12 > 打造自然气色，我们可以选用口红作为腮红的颜色。

13 > 用刷子均匀的揉开在脸颊处，使腮红呈现出更自然的效果。

14 > 在腮红的外边缘和发际线间隙，用深色粉底修饰脸部阴影效果，以达到修饰脸型轮廓的效果。

15 > 选用适合的唇色涂抹在唇部，遮盖住原有的唇色。

16 > 用遮瑕笔修饰唇部线条。

Pay Attention

- 偏黄肤色：以黄色调为主的东方肤色，比较适合橘粉色、棕红色等暖色。鲜艳的粉红色或桃红色的口红虽然很迷人，但偏黄肤色要避免使用，会显皮肤暗黄。
- 白皙肤色：以蓝色为基调的粉红色、红色唇膏适合白皙肤色，可以衬托出娇嫩的肤色。要避免金色调，会使整体印象显得土气。
- 偏黑肤色：适合使用饱和度高而明亮的唇膏，如橘色、过浅的颜色或是色彩相对混沌的中间色，会使气色显得不健康。

发型搭配推荐

在夏日的时候搭配一款清新的田园风格发型一定会为你赢得不少的目光，特别是在度假外出游玩的时候，更是起到精致的点缀。 清新自然的蓬松感的梨花头，随性散落在肩上，美得不能更自然了。

1 > 把头发披到一侧以方便大家自己动手，卷棒向顺时针卷。

2 > 卷棒逆时针卷，这样卷的头发看起来轻盈、松散、带有活力、更符合我们风格造型。

3 > 用发胶规范卷的方向；一缕缕卷的完整些。

4 > 摆动出适合自己卷发造型。

5 > 用尖尾梳分出适合自己的发缝，将刘海儿的发尾微微上翘，更可以表达出发型的灵动性；最后我们带上发饰，加以点缀，突出风格特征。你学会了吗？

服饰速配法则

田园风格是非常受 MM 们喜爱的装扮风格之一。碎花、草帽、花边组成了浪漫的田园风格着装。不过不是所有 MM 都能掌握这种风格哦！

头顶的花环，让整个人感觉就像是花仙子一样造型惊艳，朵朵小花在头顶绽放，真是美不胜收。同时，让整个造型更加返璞归真，就好像正处于世外桃源中。

文艺范儿十足的小星星短袖上衣，在田园风格的基础上又增加了一丝性感，露出的腰部曲线恰到好处的凸显了好身材，令回头率倍增。而半身裙的搭配，则凸显了小女生俏皮可爱的一面。

无懈可击的
白领丽人装扮

　　职场新人都想要给别人一个好的整体印象。但是在化妆上的得体度往往把握得不好。不仅会成为女同事们茶水间里的议论对象，上级也会对你的能力有所质疑。

　　从俏皮可爱的学生妹转型到干练的职场美人，在新的路途上做好所有准备的同时，想好了以后怎样去面对你的客户、上司还有同事了吗？适合自己的妆容不仅让你赢得别人的好感，甚至可以让你得到更好的认可哦。

底妆

　　选择干净又柔和的雾面粉底霜会令你坦诚又精神。不要选择过于闪的粉底，会让你看起来有些浮躁。应该至少选择两个颜色的粉底，一深一浅，利用光影来打造立体的效果。选粉底时，除了一款贴近自己的肤色的，还要有一款深 1-2 个度的粉底来修饰脸型。

眼妆

　　在职场中，眼影的颜色不宜过于浓烈艳丽。大地色系是最保险的颜色，而且也很好掌握。我们可以选择 2~3 种颜色渐层的方式来涂抹眼影。

眉妆

　　自然而不做作的眉形才能给人带来好的印象，比起粗眉，具有轮廓感的眉毛会让你看上去更稳重。画眉毛我们要找好眉头、眉峰、眉尾的位置。

腮红

　　腮红可以修饰脸型，也可以给你带来好气色，使人看起来更加活泼有朝气。手法要轻柔，色彩要均匀，显出薄而透的效果。珊瑚橘的腮红和同色系丝绒质感的唇膏会让你的亲和力倍增。

详细化妆步骤演示

1 > 使用大地色眼影进行打底，描绘轮廓。

2 > 用深色的眼影在睫毛根部进行加深。

3 > 用小刷子描绘下眼影，让眼睛看起来更加有神。

4 > 用眼线笔沿眼睛轮廓描绘眼线大致形状。

5 > 用眼线笔加重画好的眼线轮廓，眼尾处稍微上扬。

6 > 选择一款自然的假睫毛佩戴在眼睛根部。

7 > 戴上假睫毛之后刷上睫毛膏，真假睫毛结合在一起。

8 > 用和自己发色相近的眉笔描绘眉毛，画出立体自然的眉形。

9 > 选择一款自然的裸粉色腮红给自己打出漂亮的苹果肌。

10 > 最后，用裸粉色的口红涂抹在嘴巴上，使妆容显得自然通透。

圆形脸——收敛脸周轮廓

☐ 腮红: 从颧骨下方开始，斜向上涂深色腮红，下颌角也用深色腮红或阴影粉修饰。

☐ 阴影: 在额角紧贴发际线处涂深色粉底或用阴影粉打暗，使额头看上去不那么有棱有角。

☐ 高光: 额头中央和下巴处进行适当提亮，将视线焦点从脸的四角转移到中轴部位上来。

发型搭配推荐

作为职场女性，在发型的选择上有很多的局限性，既不要太过张扬，又不可以没个性。不能太显稚嫩，又要年轻有朝气。简简单单的低马尾不仅大气，又显干净利落是个不错的选择。

1 先用尖尾梳把头发的走向梳理好。

2 再把碎发处理干净，让头发看起来平整。

3 用发胶把碎发粘起来，让头发看起来不那么的毛躁。

4 用皮筋扎一个低低的马尾。

5 再用自己的头发把皮筋遮起来，这样，一个简单、干净、利落的发型就完成了。

服饰速配法则

在职场中，我们造型上选择能够营造干练感觉的搭配，在工作状态，我们可以选择简单直线条或几何感的服装。斑马纹的打底裙不仅很好的修饰了身材的缺陷还让整个人看起来精神十足。外套搭配淡蓝色的风衣，风衣是职业女性衣橱里必备的常见搭配，选择淡蓝色既清新，又显庄重，也不失青春的气息，很好的展现了职业女性的精神面貌，同时，这样的装扮也会给自己带来好心情，觉得工作时的劲头十足。

Tips

很多女性喜欢用香水，身边是不是有些办公室女性在午饭外出或下班离开公司前喷上她们"心爱的香水"？这有时是能增加品位，但是，对于部分同事来说，有些劣质香水所散发出来的刺鼻气味，无疑是另类的"空气污染"，那股让人非常抗拒的气味一直在"烦扰"着周遭的同事。尽量避免在办公室内喷香水，可以到洗手间去喷，或者你喷香水的目的只要是想让自己感觉清新爽快一点，可以在公司里放置一瓶具舒缓和补湿功效的玫瑰花喷雾，也可以选择不含香味的矿物温泉水喷雾。

甜美大眼萝莉妆

每个女人的心里都住着一个小萝莉，要嫩的得体、嫩的顺眼，亲和力的面孔，粉嘟嘟的脸颊和嘴唇。萝莉妆最大的特点就是，可以让一个人显得更加年轻可爱，而且甜美可爱的萝莉妆容也是很多男士的最爱，因此有不少女生就喜欢把自己打扮得更加萝莉一些。嘴唇越有肉感越好。因此，这款妆容的感觉比较适合大眼睛或者眼睛比较圆的姑娘，有点婴儿肥的脸庞才好营造"萝莉"的感觉。

底妆

恰到好处的底妆是后续上妆的关键。底妆讲究"薄透"和"无瑕"，"无妆胜有妆"。巧妙选择底妆产品，变换手法，使粉底与肌肤充分贴合。底妆能改变肌肤质感，让气色更红润、肤色看起来更明亮，但如果底妆没有画好，整张脸看起来会很不自然。这就需要选对粉底、掌握上妆技巧。

腮红

腮红用来修饰轮廓，协调的腮红色配合恰到好处的晕染，使整体的妆容看上去透出宛如天生的健康红晕，如果腮红化得不好，就像是白纸上的两块红，脸部会显得扁平、宽大。化好腮红，可以使笑肌部位更立体，五官看上去更精致。

眉妆

眉毛是决定整体妆容印象的关键部位，根据眼部、鼻部及嘴部的平衡，确定出眉头、眉峰与眉梢的位置，通过适当修饰，打造出符合自身脸型与气质的双眉，使人看上去更精神。眉形的确定要以自身的脸型为基本依据，通过调整眉峰的弯曲度、内外位置，以及眉尾的长度，可以平衡掉脸型的不完美之处，打造出具有独特美感的眉形。

眼妆

眼妆是决定整个妆容成败的重要环节，尤其是要掌握眼线的画法。眼线可以快速提升眼部立体感与清晰度，变化颜色、粗细、形状，就可以弥补眼睛的各种不足之处。

1 > 挑选适合自己肤色的粉底，均匀地打在脸上。

2 > 嘴角、鼻翼、眼角等区域也要均匀地打上粉底。

3 > 用刷子轻轻把粉底痕迹晕开。

4 > 发际线和下巴也要均匀地过渡，然后定妆。

5 > 先用浅色眼影给眼部打底。

Tips

打粉底时，嘴角和眼角要注意均匀，这两个地方极易出现粉底堆积，影响妆容效果。

6 > 再用深一号的颜色进行晕染。

7 > 最后用最深的颜色在睫毛根部加重。

8 > 用眼线笔勾勒眼线，用小刷子进行晕染。

9 > 夹翘睫毛之后，选择一款假睫毛，沿着眼线的位置，贴在睫毛根部。

10 > 仔细调整位置，直到没有异样感。

11 > 描画眉毛，选择跟自己发色相近的眉笔进行描绘。

12 > 描绘出形状之后用眉刷晕染出自然的眉毛。

13 > 先用暗影刷进行脸部轮廓的处理。

14 > 然后再用腮红和之前打过的暗影进行叠加，这样刷出来的腮红和暗影就融为一体了，会更加自然。

15 > 用浅咖啡色眼影或者眉粉在眉头下方和鼻根部位进行晕染，打造出高挺的鼻梁。

16 > 选择粉嫩色的口红，营造出好气色。

如何确定哪种棕色最适中？

打造眼妆的万能色是哑光棕色，可以展现富有轮廓感的醒目眼妆。如果珠光过于强烈，略泛红色光泽，容易显得老气。用棕色系眼影打造渐变效果十分自然，也不容易出错。想要尝试新鲜感，还可以选择烟熏紫色、灰色、卡其色、深蓝色等颜色，晕染的方法与棕色基本相同。

发型搭配推荐

闪闪动人的大眼妆，也只有自然松散的大波浪能与之搭配了，感觉就像是童话故事里走出的小公主一样。

1 > 拿大号卷棒进行给头发上卷。

2 > 头发两侧使用外卷，打造出好脸型。

3 > 发尾也要上卷噢！

4 > 最后刘海儿也要用卷棒进行处理一下。

5 > 头发卷完以后用发胶进行定形固定卷发。

经常卷发和吹头发的MM一定要定期做头发的护理，虽然卷发和吹发对头发的伤害不大，但是时间长了也会让头发变得毛躁、没有光泽。

服饰速配法则

　　以粉色、白色系列为主，衣料选用大量蕾丝，务求缔造出洋娃娃般的可爱和烂漫，走在大街上也不算太张扬，整体风格比较平实。有时候换一件衣服反而不如搭配一件配饰来的效果好，想要造型感，没有什么比帽子更合适。头顶白色的毛呢礼帽搭配白色的蕾丝连衣裙，不仅让整体气质看起来优雅、淑女，还没有那么麻烦。

轻薄美肌
韩范儿裸妆

　　甜美中透露优美气质的乖乖女生，最适合具有柔和珍珠光泽与无瑕质感的韩范儿裸妆，让肤色实现白皙无瑕的完美状态，从内向外透出唯美光泽感，收获惊羡的目光的同时，也会让人惊叹"素颜"都可以这么美。

详细化妆步骤演示

1 > 轻轻将喷雾喷在面部肌肤。

2 > 片刻之后，用吸油纸轻轻吸干，让面部肌肤清爽自然。

3 > 用棉签在唇部涂一层润唇水。

4 > 在面部均匀涂抹一层润肤液。

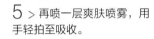

Cosmetic
benefit 原地待命眼部底霜

规格：10.0mL
360°作用于眼周肌肤，遮瑕、定妆一气呵成，使眼影持久不晕染，保持色彩鲜艳、饱满！

5 > 再喷一层爽肤喷雾，用手轻拍至吸收。

6 > 将粉底液点在脸上，然后用指肚涂抹均匀。

7 > 用小号眼影刷在眼周和脸颊扫上遮瑕膏。

8 > 眼部涂抹一层眼霜，轻拍至吸收。

提升底妆清透度的技巧

粉底霜质地浓稠，如果沿脸部轮廓涂，很容易就涂厚了，先在额头、脸颊、下巴横向刷开，再从内向外呈放射状涂抹是要点。涂抹脸颊时要快速从脸颊向四周呈放射状转动刷头涂粉底霜。

9 > 轻轻按摩脸部直至喷雾充分吸收。

10 > 用中号化妆刷在眼周扫一层高光粉。

11 > 用中号化妆刷在鼻子两侧扫一层高光粉，让鼻形更立体。

12 > 用中号化妆刷沿着下巴到两腮扫高光粉，让脸部更立体、更显瘦。

13 > 用大号化妆刷在骨最高处轻扫一层淡粉色腮红。

14 > 用眉刷尖部蘸取眉毛膏画出眉头，手法要轻。

15 > 用小号化妆刷梳理好眉毛。

16 > 先用眉笔勾画出想要的眉形。

17 > 再用小号刷子蘸取眉粉将画好的眉形填满。

18 > 用深棕色眉毛膏加重眉头部分。

19 > 用小号刷子在上眼睑涂抹亮色眼影。

20 > 用指肚将眼影晕染均匀。

21 > 用小号刷子在上眼睑眼窝下方涂抹深咖色眼影。

22 > 用指肚将眼影晕染均匀。

23 > 用小号化妆刷在下眼睑扫浅咖啡色眼影，打造卧蚕。

24 > 内眼角用白色眼线笔描画，加以突出。

25 > 眼尾处涂深咖啡色眼影，让眼睛更显深邃。

26 > 贴近睫毛根部描画眼线。

27 > 在眼周扫上高光粉增加眼部立体感。

28 > 用睫毛夹将睫毛夹卷曲。

29 > 呈"之"字形涂抹睫毛膏，使睫毛自然卷翘。

30 > 将唇膜敷在嘴唇上，去除唇部死皮，让唇部保持湿润。

31 > 20分钟后，用化妆棉将唇部轻轻擦干。

32 > 在唇部用小号化妆刷涂抹肉色唇蜜，调整嘴型。

33 > 用指肚蘸取桃粉色唇蜜在嘴唇中间部位涂抹均匀。

热敷

先将护唇膏或凡士林厚厚地涂在唇上，然后剪一张大小适合唇部形状的保鲜膜，并黏在整个双唇。如果想加强保湿力度，可以再将热毛巾敷在保鲜膜上。敷10分钟后，撕掉保鲜膜，嘴唇会变得柔润许多。也可以在每天睡觉前涂厚厚的一层护唇霜，隔天起床嘴唇也会变得水润。

34 > 用指肚蘸取适量唇蜜，均匀地涂抹在唇部，然后唇中间的部分适度涂多一些。

35 > 用中号化妆刷在脸颊轻扫定妆粉定妆。

36 > 用小号化妆刷在唇部涂抹唇彩提亮唇部。

发型搭配推荐

精心打造的层层内扣内卷效果呈现后侧饱满圆润的线条，清新而富有女人味。能够驾驭"短发"发型的 MM 颜值一定都很高哦！

 在脖颈处将头发分成三部分。

 在脖颈处将分好的头发编成松散的发辫，然后用橡皮筋扎好。

 将编好的头发沿着脖颈向内卷。

 卷至脖颈发根处用小夹子固定好。

 喷发胶将头发固定就搞定了。

服饰速配法则

　　白色 V 领连身裙，与轻薄的妆容完美结合，让整个人充满了清新自然的气息。V 领的设计强调了性感的身材，而整个裙形又不失小女人的可爱。而领口部分的设计又起到了配饰的作用，免去了费尽心思搭配配饰的烦恼。

轻熟女
魅惑红唇妆

红唇妆的风格是一种时光魔术，能为你打造出一种独一无二的时光情境。接下来带着你们的口红来穿越我为你们设计的时空吧。

眼妆

1. 用淡金色眼影抹在上眼睑位置打底。

2. 浅棕色的眼影画出眼部轮廓。

3. 画上黑色眼线，眼线的特色是在眼尾处往上画略成 30 度角的上扬，并往外延伸一些加长眼形，这样有神更妩媚。

4. 选择合适的假睫毛，粘贴在上眼睑睫毛的根部，再刷睫毛膏。用睫毛膏刷或粘贴下睫毛能够提升妆容，并且使眼睛变得更大。

眉妆

1. 眉粉：眉粉和眼影粉的质地差不多，用法也是一样，涂抹时用眉刷直接蘸取晕染眉毛，眉头、眉峰用深色，眉峰、眉尾用浅色，利用深浅搭配调和出立体眉毛。

2. 染眉膏：选择与头发颜色接近的染眉膏，染眉膏不仅可以把眉毛打造的柔和顺畅，也起到提刷下垂眉梢，同时具有定型作用。

3. 眉胶：眉胶的刷头超密，能让眉毛裹满色彩，自然眉胶和透明眉胶能给予眉毛光泽度。

腮红

能提亮肤色，能修饰你不完美的脸部轮廓。

长脸型: 腮红刷在两颊的较外侧，平圆横刷。

圆脸型: 腮红以斜线的化法，从颧骨往脸中央刷。

方脸型: 腮红以画圈的方式，从颧骨往鼻子的方向刷。

鹅蛋脸型: 微笑找到颧骨最高的位置，以画圈的方法涂抹在颧骨最高位置向苹果肌的地方晕染。 运气好锥子脸型的女孩儿怎么打都漂亮。

唇妆

认识唇形和唇色， 选择适合自己的口红， 怎么化大红唇其实很有学问。要注意，不要看见唇纹，否则一点点都会很影响效果。底妆要衬托红唇，不能喧宾夺主。

详细化妆步骤演示

1 > 涂抹适合自己皮肤颜色的绝色唇蜜。

2 > 用高光粉修饰下巴轮廓,打造"锥子脸"。

3 > 在脸颊侧面打上高光粉进行"瘦脸",让脸部更精致立体。

4 > 用高光粉在额头易出油的部位扫上高光。

5 > 选择浓密纤长型假睫毛,修剪成适合自己眼形的长度。

6 > 从睫毛上方靠近上睫毛根部粘贴假睫毛。

使眼线更自然的画法

在打造自然的眼妆时,可以不用描画下眼线,用眼影刷或者棉棒蘸取少量的棕色或黑色眼影,从眼尾开始轻轻晕染至下眼睑1/2处就可以了。最后用干净的棉棒沿着眼线横向移动,调整不够平整的地方。

7 > 沿下睫毛下方粘贴假睫毛。

8 > 均匀涂抹深红色口红。

9 > 用与发色接近的眉粉晕染清爽眉色，眉头处晕染要自然，眉梢线条要舒缓。

10 > 眉尾处弧线要自然伸展。

11 > 在颧骨最高处呈椭圆形刷上橘色腮红，然后用中号腮红刷将粉色腮红晕染在中部。

12 > 依照自己的脸型，在颧骨下方轻扫腮红，让颧骨处的腮红自然过渡。

13 > 用小号眼影刷蘸取黑色眼线膏沿靠近睫毛根部处描画上眼线。眼梢处上扬拉长5毫米并慢慢收细。

14 > 用小号眼影刷仔细填补睫毛间隙，并将眼角部分的眼线描画实，拉长眼角。

15 > 用小号眼影刷在上眼皮刷上深咖啡色眼影。

发型搭配推荐

魅惑红唇妆尽显熟女范儿，一定要搭配大气的盘发才能更加衬托出红唇妆的效果。不必把头发盘的多么复杂，简单的梳在后面就好。

1> 用梳子分出头顶的头发。调整分出来的头发，用发夹固定好。

2> 用梳子将剩下的头发理顺并分成两部分。

3> 将右侧的头发梳向左侧，然后像内侧卷，并用细发夹固定。

4> 同样的方法，左侧的头发也向内卷，覆盖在卷好的发苞上。

5> 用细发夹将卷好的头发固定住。

6> 打开头顶的头发，用梳子理顺。

7> 用头顶的头发包住卷好的发苞，用黑色细发夹将头发固定好。

8> 完成。

服饰速配法则

夸张的耳环成功的将别人注视的目光集中在脸部，而其镶嵌宝石的款式更是将熟女风展露无疑。

富有设计感的黑色连衣裙与红唇是最完美的搭配，二者相得益彰，更突出了时尚气息。裙身的亮片设计富有 blingbling 的感觉，让整个人都闪烁这光芒。

洒脱帅气
画报妆

　　洒脱帅气的妆容，不要涂抹过于厚重的粉底，容易显得老气。要营造清透的素肌感，为自己添加一种纯净的光泽，无油光的质地，透过素雅而自然的彩妆，充分体现出成熟的美感。

**详细化妆
步骤演示**

1 > 用刷子蘸取少量粉底，在脸颊涂抹。

2 > 在易出油的额头位置多涂一些，防止出油，影响妆容效果。

3 > 同样的道理，在鼻翼两侧也要着重涂抹粉底。

4 > 下眼睑到眼尾的部分不要涂得太厚，但是要保证遮住眼袋和黑眼圈。

5 > 用大号眼影刷蘸取深咖啡色眼影由上眼角到眼尾均匀涂抹。

6 > 用大号眼影刷蘸取浅咖啡色眼影在上眼窝处均匀涂抹。

7 > 用大号眼影刷蘸取浅咖啡眼影打造卧蚕。

8 > 用小号眼影刷蘸取深咖色眼影在靠近眼尾处加重颜色。

9 > 用小号眼影刷蘸取深咖啡色眼影从眼头到眼中轻扫，使眼影颜色眼头到眼尾自然过渡。

10 > 用小号眼影刷蘸取深咖啡色眼影在下眼睑眼尾处加重颜色，与上眼睑相呼应。

11 > 用黑色眼线笔贴近睫毛根部勾画眼线，内眼角的部分要深一些。

12 > 眼线线条要从眼头到眼尾自然勾画，眼尾处稍微上提。

13 > 用睫毛夹将上睫毛夹卷翘。

14 > 粘贴假睫毛，使其与自己的睫毛自然贴合。

15 > 粘贴下假睫毛。用手指轻轻调整位置，使其与真睫毛自然贴合。

16 > 用深棕色眉笔勾画眉形，然后再进行勾画。

戴假睫毛的小技巧

戴假睫毛时，要先固定眼中和眼头的位置。眼尾的部分不必顺着眼形粘，可以向上提一些，这样会让眼睛呈现上扬的效果，让人显得更加精神。如果你是单眼皮，可以将撑眼棒固定在眼皮眼褶皱处撑出双眼皮。

规格：规格1.4 g
在内外眼角处描画，双眼立刻变得神采飞扬。它能帮助消除内外眼角的阴影、黯沉......使双眼看起来如同喝了咖啡般顿显精神饱满！

17 > 眉尾处要向外拉长一些，让整体眼妆更加自然协调。

18 > 用大号刷子在颧骨突出处打上高光粉。

19 > 用小号刷子在眼尾处扫上高光粉，让眼部更加立体。

20 > 下眼睑一定要多扫些高光粉，遮住眼袋和黑眼圈，但是不要过重，以免妆容出现裂纹。

21 > 用黑色眼线笔将画好的眼线加重。

22 > 由外向内以斜线形刷腮红，笑肌的最高处要重一些。

23 > 沿脸周轮廓刷阴影粉，提升脸部立体感。

24 > 上下唇涂枚红色唇膏。

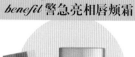

Cosmetic
benefit 警急亮相唇颊霜

规格：规格8.0g
瞬间提亮唇颊霜令你的皮肤瞬间回复紧致，散发活力气息。香槟粉、西瓜红、珊瑚橘三重色彩调和而成的珊瑚色红晕自然而又不失明艳。

25 > 用唇蜜为唇部提亮，唇中的部分要适当多涂一些。

26 > 用白色眼线笔贴近下眼睑黏膜部位，仔细描画内眼线。

Tips

盐水消肿美容法

用棉棒蘸取稀释后的盐水来按摩眼周，帮助缓解眼部肌肤的水肿现象。将棉签置于睫毛根部，从眼角向外侧边按压边拉抹到太阳穴，力度要轻柔均匀。也可以将盐水稀释后冷藏，用化妆棉浸透冰盐水冷敷于眼睑，能快速消除眼部水肿。

发型搭配推荐

洒脱帅气画报妆不要被过于繁琐的发型抢了风头，在简单马尾的基础上，加以恰到好处的配饰做出顶发的立体感，散发成熟优雅的高贵气息。

1 > 用大号卷发棒，取最内侧层头发向外侧进行分层逐步烫卷。

2 > 用大号卷发棒取外层头发向外侧烫卷，使头发都有卷度。

3 > 用大号卷发棒将头发卷松散，使头发更有空气感。

4 > 将卷好的头发梳成马尾，佩戴发饰。

5 > 调整发型和发饰的位置，完成。

Tips

怎样卷发不伤发

用自身带有负离子护发功能的卷发棒。负离子卷发棒非常的神奇，它在使用时能够不断释放出负离子，在头发周围形成保护膜，将秀发的水分牢牢地锁住，使头发保持光滑润泽。在养护头发的同时，也能让染发发色保持的时间更加长久。

服饰速配法则

　　黑色透视连衣裙是当前最流行的时尚元素，腰部的亮黑色束腰设计很好的修饰了腰型，而下半身蓬蓬裙的设计则充分展示了完美腿型。衣领处的亮钻衣领设计起到了画龙点睛的作用，不仅构成了裙子的一部分，也起到了饰品的作用。

麦色健康
日系裸妆

Section 10

Fragrance Love Story

突出局部妆感的较浓彩妆，搭配轻薄的质感底妆，才不会显得厚重。用隔离霜、遮瑕膏与粉状粉底来调节肌肤状态，妆效轻盈，而且不易结块、脱妆，轻松获得零妆感的仿裸肌。

详细化妆步骤演示

1 > 用粉扑蘸取适量浅色粉底，在脸部均匀打底，让肌肤亮白自然。

2 > 用指肚将浅咖啡色眼影均匀地晕染在上眼皮部分，打造自然大双眼皮。

3 > 用眼影刷在下眼睑轻轻扫出卧蚕。

4> 在眼尾处再涂一层深咖啡色眼影，让眼尾的部分更加突出。

5 > 用眼线笔勾勒处上、下眼线，整个眼妆就搞定了。

6 > 先用古铜色唇膏笔勾勒出唇形，并均匀涂抹打底层。

7 > 再用唇膏按涂好的唇形均匀涂抹，涂抹的时候要注意唇中的部分要厚一点，这样可以让嘴唇更加立体、性感。

8 > 用指肚轻轻按压画好的唇妆，让唇妆更加均匀、贴合。

9 > 唇膏也可以当腮红用，这样会和唇妆更加搭配。将唇膏在脸部笑肌最高的地方轻轻涂一层，然后用指肚涂抹均匀。

10 > 塑造立体眉毛少不了染眉膏的帮忙，梳理好眉毛后，取适量眉膏。

11 > 螺旋式的刷子能轻松改变眉毛颜色，而且不容易脱妆。沿着眉头一直到眉尾的位置轻轻扫过就可以了。

发型搭配推荐

为了突出肤色略施粉黛的简单修饰妆容，突出自然而健康的气质，小性感中还带着一点小成熟，搭配简单的公主头最为适宜。

1 > 保留刘海儿部分，将右侧头发用手分出来

2 > 将左侧的头发与头顶的头发分出来，握在手中，分出的头发大致呈弧形，如图所示。

3 > 握住分出来的头发，将其抓的蓬松自然

4 > 将弄好的头发梳成自然的小马尾，垂在脑后。

5 > 喷发胶定型，使整体造型更加持久。

服饰速配法则

斑马纹连衣裙搭配短款夹克外套让整个人看起来潇洒帅气，同时又不失女人味。搭配时不要选择过多的装饰，避免落入俗套是造型关键。显现欧美流行风的造型，为整个造型融入了一分酷感，魅力不可挡。